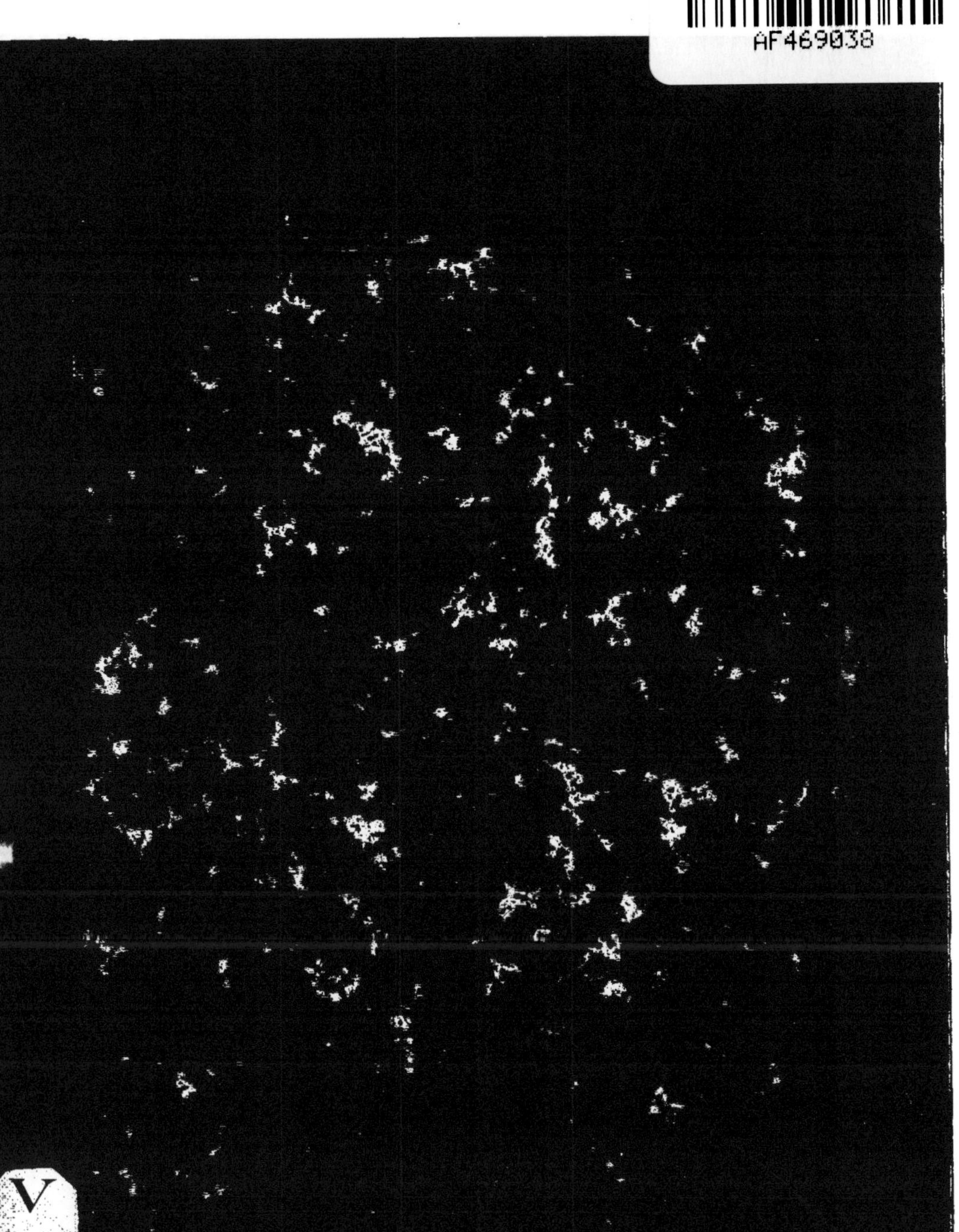

USAGE

DU

CERCLE MÉRIDIEN PORTATIF.

PARIS, IMPRIMERIE ADMINISTRATIVE DE PAUL DUPONT, RUE DE GRENELLE-SAINT-HONORÉ, 45.

USAGE

DU

CERCLE MÉRIDIEN PORTATIF

POUR LA DÉTERMINATION

DES POSITIONS GÉOGRAPHIQUES

PAR

E. LAUGIER

MEMBRE DE L'ACADÉMIE DES SCIENCES, ASTRONOME ADJOINT DU BUREAU DES LONGITUDES,
MEMBRE CORRESPONDANT DE LA SOCIÉTÉ ROYALE ASTRONOMIQUE DE LONDRES,
EXAMINATEUR DE CLASSEMENT ET DE SORTIE A L'ÉCOLE NAVALE.

Publié au dépôt général de la Marine.

PARIS
IMPRIMERIE ADMINISTRATIVE DE PAUL DUPONT
Rue de Grenelle-Saint-Honoré, 45

1852

USAGE

DU

CERCLE MÉRIDIEN PORTATIF

POUR LA DÉTERMINATION

DES POSITIONS GÉOGRAPHIQUES.

1. La planche Ire représente un cercle méridien portatif que M. Brunner, artiste adjoint du bureau des longitudes, a bien voulu construire d'après mon invitation : il se compose d'une lunette astronomique montée sur un axe horizontal portant un cercle divisé, et d'un pied en fonte fixé sur un pilier solide. Avec un cercle méridien et un bon chronomètre, qui en est l'indispensable auxiliaire, on peut observer l'instant précis du passage des astres au méridien et leur hauteur au-dessus de l'horizon au moment de ce passage. Quand on connaît par des éphémérides la position apparente des astres, on déduit de ces observations l'état absolu du chronomètre sur le temps sidéral ou sur le temps moyen, ainsi que la latitude de la station. Cet instrument conduit aussi à la détermination des longitudes géographiques au moyen des passages de la lune au méridien. Cette méthode généralement suivie par les astronomes, a fait connaître avec une grande exactitude les longitudes de leurs observatoires ; les voyageurs pourront l'appliquer à la recherche des positions géographiques avec un égal succès, car l'expérience a démontré que les résultats déduits d'une série d'observations faites à l'aide d'un cercle méridien portatif ont presque la précision des résultats fournis par les instruments méridiens des grands observatoires.

2. Le but que je me propose dans ce traité est de fournir aux personnes qui voyagent dans des circonstances favorables, et en particulier aux officiers de marine, les détails nécessaires à l'usage de l'instrument, ainsi que les formules et les tables indispensables dans la discussion des observations. Afin de ne pas dépasser les limites du cadre que j'ai adopté, j'ai dû laisser de côté plusieurs développements auxquels je me suis efforcé de suppléer par de nombreuses applications numériques.

3. Une lunette destinée à décrire un plan méridien en tournant autour d'un axe est assujettie à trois conditions :

1° Pour qu'en tournant autour de l'axe de rotation elle décrive un plan, il faut que son axe optique soit perpendiculaire à cet axe de rotation ;

2° Pour que ce plan soit vertical, l'axe de rotation doit être horizontal ;

3° Enfin, pour que le plan vertical décrit par la lunette coïncide avec le méridien, il faut qu'il passe par le pôle, ou, ce qui revient au même, qu'il passe par le centre d'un astre au moment de sa culmination.

On parvient à réaliser ces conditions au moyen de certaines dispositions qui varient au gré de l'artiste; il est donc nécessaire, avant d'aller plus loin, de donner la description du cercle méridien construit par M. Brunner; il se divise en deux parties :

1° Le pied, destiné à servir de support à la lunette;

2° L'axe sur lequel le cercle et la lunette sont montés.

Du pied.

4. Le pied se compose de trois platines rectangulaires superposées et de deux montants qui portent les coussinets sur lesquels doit tourner l'axe de la lunette et du cercle.

La première platine P repose sur un pilier très-solide à l'aide de trois vis en acier; elle est garnie, à chacune de ses faces, nord et sud (1), de deux ailes dont les surfaces peuvent recevoir un niveau à l'aide duquel on rend son plan horizontal.

La seconde platine P′ est réunie à la première au moyen d'un axe en acier X : elle peut décrire autour de cet axe, et dans le plan de la première platine, un arc de quelques degrés. Ce mouvement, qui lui est communiqué par une vis *a* agissant sur un ressort *r* (fig. 5), permet de faire coïncider avec le méridien le plan supposé

(1) On suppose dans cette description que l'instrument est installé dans le méridien.

vertical décrit par la lunette autour de l'axe de rotation. La platine P′ porte en outre à l'une des extrémités Ouest ou Est deux petites pièces qui s'élèvent verticalement au-dessus de sa surface, et qui sont destinées à recevoir deux fortes vis ou pivots *b*, *b′* entre lesquels la troisième platine P″ se trouve serrée à l'une de ses extrémités, tandis qu'elle repose sur la platine P′ par l'intermédiaire d'une vis *c* qui la traverse à l'extrémité opposée. Par cette disposition très-simple on peut donner à la troisième platine autour de la droite *b b′* un mouvement angulaire à l'aide duquel on rend horizontal l'axe de rotation de la lunette.

Enfin les deux montants en fonte M, M′ qui portent les coussinets *d*, *d′* font corps avec la troisième platine : ils sont garnis tous deux de pièces particulières, dont nous ferons connaître l'usage lorsque nous parlerons du cercle.

De l'axe de rotation, de la lunette et du cercle alidade.

5. Passons maintenant à la seconde partie de l'instrument. La lunette astronomique et le cercle limbe L sont montés sur un axe terminé par deux tourillons parfaitement ronds et d'égal diamètre.

La lunette astronomique se compose de deux parties cylindriques E, E′ solidement vissées à l'axe de rotation F ; l'une porte l'objectif, l'autre reçoit le tuyau qui contient le réticule et l'oculaire. Ce tuyau s'enfonce plus ou moins dans le tube de la lunette, suivant la distance à laquelle se trouve l'objet qu'on observe; il est fixé dans la position qui a été déterminée par l'observateur au moyen d'un collier serré par une vis.

Le réticule consiste en un anneau *e* sur lequel sont tendus à égales distances plusieurs fils parallèles qu'on nomme fils horaires; ils sont coupés à angles droits par un fil destiné à couvrir un astre dont on veut mesurer la distance zénithale. Cet anneau est placé dans une rainure, à l'intérieur du tuyau oculaire; une vis de rappel *f* lui communique au besoin un mouvement latéral pour la correction de l'axe optique. Indépendamment du mouvement latéral, le réticule tourne autour de l'axe même du tuyau lorsque les vis *j*, *j′* sont desserrées. Par là le fil des hauteurs peut être rendu parallèle à l'axe de rotation. Ce parallélisme, qui entraîne la verticalité des fils horaires lorsque l'axe de rotation est horizontal, est une des conditions les plus essentielles à remplir. Nous dirons comment on y parvient lorsque nous parlerons de l'axe optique.

Un prisme *g* placé en dehors de l'oculaire renvoie les rayons perpendiculairement à la direction de la lunette, et permet d'observer avec la plus grande facilité, quelle que soit la hauteur de l'astre.

6. Le cercle alidade A est ajusté à frottement sur l'axe de rotation, concentriquement au cercle limbe; il porte deux verniers v, v' au moyen desquels on peut lire dix secondes ou trois secondes selon la grandeur de l'instrument. D'après cette construction, on comprend que la lunette dans son mouvement de rotation autour de son axe entraîne nécessairement le cercle limbe, tandis que le cercle alidade, s'il est maintenu contre un obstacle, doit rester immobile, de telle sorte que les zéros de ses verniers correspondent successivement à toutes les divisions tracées sur le cercle limbe. Cette disposition permet de diriger la lunette vers une étoile dont la distance polaire est connue : il suffit pour cela de déterminer, une fois pour toutes, la division du cercle limbe qui correspond au zéro du vernier de l'alidade lorsque la lunette est dirigée vers le pôle élevé, puis de faire parcourir à la lunette, à partir de cette division, et dans le sens convenable, un arc égal à la distance polaire de l'étoile que l'on veut observer.

On déterminera la division qui, sur le cercle limbe, correspond à la direction du pôle élevé en pointant exactement la lunette vers une étoile brillante connue de position, et en la faisant tourner ensuite vers le pôle d'un arc égal à la distance polaire de l'étoile.

7. Dans le cercle méridien de M. Brunner, les lectures sur le limbe donnent immédiatement les hauteurs des astres au-dessus de l'horizon; on se rend compte de la manière suivante de l'ingénieuse disposition adoptée par l'artiste pour arriver à ce résultat.

Le zéro du vernier de l'alidade coïncidant avec le zéro du cercle limbe, et les deux cercles étant fixés l'un à l'autre au moyen d'une vis de pression p, supposons qu'on rende horizontal l'axe optique de la lunette. Alors le diamètre vertical du cercle alidade, prolongé au moyen d'une pièce d'acier q, est arrêté entre deux points fixes pris en B' sur l'un des montants, de manière à conserver sa position actuelle; si l'on desserre la vis de pression qui fixait les deux cercles l'un à l'autre, et qu'on dirige la lunette vers un point quelconque du ciel, il est évident que la division qui se trouvera vis-à-vis le zéro du vernier indiquera le nombre de degrés dont la lunette aura tourné, c'est-à-dire la hauteur du point au-dessus de l'horizon. Si rien ne devait varier dans l'instrument, on pourrait s'en tenir à cette simple disposition; mais on ne peut considérer comme fixes ni les points d'appui pris sur le montant, ni la position de l'alidade. C'est pour cela qu'un niveau n a été fixé à angle droit sur le diamètre vertical, afin que les moindres déplacements de ce dernier fussent indiqués à chaque instant et qu'on pût le ramener au besoin à sa position primitive.

Les changements qu'on observe dans les indications de ce niveau ne doivent pas, en général, être attribués uniquement aux déplacements du diamètre vertical :

ils peuvent être dus en partie aux variations qui surviennent dans l'ajustement des pièces qui portent le niveau, ces variations doivent donc entrer en ligne de compte lorsqu'on veut corriger l'erreur.

8. Avant d'aller plus loin, il convient de décrire les deux pièces B, B′ qui sont vissées sur chacun des deux montants : elles sont destinées à rendre fixe le diamètre de l'alidade qui porte le niveau, et à le ramener dans la verticale s'il venait à s'en éloigner par une cause quelconque. Pour cela, ce diamètre porte à son extrémité un plan d'acier poli *q* qui s'appuie contre une vis ou buttoir *h* (fig. 1 et 4) lié au montant voisin du cercle. Afin de lui conserver cette position verticale malgré les mouvements de la lunette et du limbe, on a fixé au même montant, et en face du buttoir, une pièce *i* mobile autour d'un axe, et portant une vis à écrou *h′*. Lorsque cette pièce est relevée dans la position horizontale, l'extrémité *q* du diamètre se trouve saisie entre le buttoir et la vis à écrou, et ne peut subir aucun déplacement accidentel. Ajoutons que cette même pièce s'applique sur le côté du montant par l'intermédiaire d'un disque d'acier faisant ressort, de manière que, sous l'action du buttoir qui lui est opposé, elle peut se mouvoir parallèlement au méridien sans cesser de presser contre le plan d'acier qui termine le diamètre de l'alidade auquel le niveau se trouve attaché. Par cette disposition, on peut imprimer au diamètre un petit déplacement de part et d'autre de sa position actuelle ; et pour qu'il reste néanmoins perpendiculaire au niveau, ce dernier porte une vis *n′* qui permet d'incliner plus ou moins sa monture pour corriger l'erreur. Les deux montants ont chacun un système de buttoir B, B′, afin de pouvoir opérer également quand le cercle est à l'Est ou à l'Ouest du méridien.

9. Il est important de bien distinguer ces deux positions du cercle relativement au méridien. Voici la convention que nous adoptons à cet égard :

Supposons la lunette dirigée dans le méridien et l'observateur regardant l'instrument, le dos tourné vers le pôle élevé : si le cercle méridien est à sa droite, nous disons que la lunette est dans la *position directe ;* si, au contraire, il est à sa gauche, la lunette est dans la *position inverse*. Ainsi, quand la lunette est dans la position directe, le cercle méridien est à l'*Ouest*, si l'observateur se trouve dans l'hémisphère boréal, et à l'*Est*, s'il se trouve dans l'hémisphère austral.

La chiffraison du limbe est telle que, dans la position directe, les lectures expriment les hauteurs au-dessus de l'horizon opposé au pôle élevé ; et que, dans la position inverse, elles donnent les suppléments de ces hauteurs à 180°. On voit que ce qu'on entend ici par hauteur méridienne d'un astre est l'arc du méridien compris entre l'astre observé et le point de l'horizon opposé à la région polaire : les hauteurs méridiennes se comptent de 0° à 180°.

Opérations à faire pour rendre vertical le diamètre de l'alidade qui porte le petit niveau, et pour que les lectures sur le limbe donnent les hauteurs des astres au-dessus de l'horizon.

10. Maintenant nous allons voir comment, au moyen du niveau de l'alidade, on peut rendre le diamètre vertical entre les deux points fixes *hh'* du montant, de manière que les lectures sur le cercle limbe expriment exactement les hauteurs au-dessus de l'horizon.

La lunette étant dans la *position directe*, admettons que l'axe de rotation soit horizontal : on commencera, en tournant dans le sens convenable, la vis du buttoir direct, par amener la bulle du niveau entre ses repères, de sorte que les indications de ses deux extrémités soient exactement les mêmes. Cela fait, on mettra la lunette dans la *position inverse*, et si, dans cette dernière position, les extrémités de la bulle ne donnent pas les mêmes lectures, on tournera d'abord la vis *h* du buttoir inverse jusqu'à ce qu'on ait diminué de *moitié* la différence ; on fera disparaître ensuite la seconde moitié de cette différence, en tournant dans le sens convenable la vis *n'* du petit niveau ; mais alors, en revenant à la *position directe*, la bulle ne se trouvera plus entre les mêmes repères et on l'y ramènera exactement au moyen de la vis *h* du buttoir direct. On aura ainsi rendu vertical, dans les deux positions de l'instrument, le diamètre de l'alidade qui porte le niveau. Mais les lectures n'exprimeront les hauteurs des astres au-dessus de l'horizon qu'autant que le cercle limbe n'aura point d'erreur de collimation, c'est-à-dire qu'autant que le zéro du vernier coïncidera avec le zéro du limbe, lorsque l'axe optique de la lunette est horizontal. Nous allons montrer comment on remplit cette dernière condition.

11. Les rectifications précédentes ayant été faites avec soin, on cherchera dans la direction du plan décrit par la lunette un astre ou un objet propre à servir de mire, et on en prendra la distance zénithale en opérant comme il suit :

La lunette étant dans la *position directe*, on pointera vers l'objet au moyen de la vis de rappel *o*, et on notera la lecture L des verniers. Plaçant ensuite l'instrument dans la *position inverse*, on dirigera la lunette vers le même objet aussi exactement que possible, en se servant toujours de la vis de rappel, et on notera la lecture L' des deux verniers. Si, dans les deux positions de l'instrument, le niveau de l'alidade s'est trouvé entre les mêmes repères, ce qu'on peut toujours obtenir en agissant sur la vis *h* du buttoir, la distance zénithale de l'objet sera $\frac{1}{2}(L'-L)$. On en conclura la hauteur H, et, s'il n'y a point d'erreur de collimation, on devra avoir $H=L$; autrement $H-L$ exprimera l'erreur de collimation.

Pour la corriger, on placera l'instrument dans la *position directe*, et l'on fera marquer au vernier la hauteur apparente H de l'objet, au lieu de la lecture L qu'il indiquait d'abord : dans cette position, la mire ne sera plus couverte par le fil horizontal, on rétablira alors la coïncidence en agissant sur la vis du buttoir direct; mais, comme ce mouvement aura nécessairement déplacé la bulle du niveau, il faudra la ramener entre ses repères à l'aide de la vis n' de la monture. Remettant alors la lunette dans la *position inverse*, on tournera la vis du buttoir inverse jusqu'à ce que la bulle revienne entre les repères de la position précédente.

On aura de cette manière corrigé l'erreur de collimation, et le diamètre qui porte le niveau se trouvera vertical dans les deux positions Est et Ouest du cercle méridien.

Du grand niveau.

12. Nous ne terminerons pas la description de l'instrument sans parler du grand niveau N, qui sert à rendre horizontal l'axe autour duquel tourne la lunette. Le tube cylindrique qui contient le liquide (alcool ou éther) a été travaillé à l'intérieur et présente à sa partie supérieure une courbure uniforme d'un très-grand rayon. Ce tube de verre, rempli en grande partie de liquide, a été fermé à la lampe et peut servir dans cet état à mesurer les faibles variations d'inclinaison. En effet, la bulle d'air qu'on a laissée dans l'intérieur du tube tend toujours à en occuper la partie la plus élevée, et, si la courbure est constante, le plan, mené tangentiellement à la surface intérieure au point qui correspond au milieu de cette bulle, est horizontal, et le rayon qui joint le point de contact au centre de courbure est parfaitement vertical. Par ce rayon vertical et l'axe du tube menons un plan ; il coupera la surface du tube suivant un arc de cercle que l'on divise en parties égales de longueur arbitraire λ ; en désignant par ρ la grandeur du rayon, et par ω l'angle au centre toujours très-petit, soutendu par une des divisions λ, on aura $\lambda = \rho\omega$.

Si le rayon ρ s'incline sur la verticale d'un angle ω, la bulle d'air se déplacera d'une quantité λ mesurée par une partie de l'échelle tracée à la surface supérieure du tube ; et quand on aura déterminé la valeur angulaire de l'intervalle λ qui sépare deux divisions consécutives, on connaîtra l'angle ω dont le rayon ρ se sera incliné.

On voit que le niveau sera d'autant plus sensible ; en d'autres termes, que les parties du niveau d'une longueur déterminée λ correspondront à un arc ω d'autant plus petit que le rayon de courbure ρ sera plus grand. Si λ était de deux millimètres et ω de 4″, on aurait $\rho = \frac{\lambda}{\omega . \sin 1''} = 103{,}1$ mètres. Dans les niveaux dont on se sert pour rendre horizontal l'axe de rotation d'une lunette méridienne, la valeur du rayon de courbure ne doit pas être très-inférieure à cette quantité, autrement on n'atteindrait pas dans cette opération une précision suffisante.

13. Pour connaître avec une grande exactitude la valeur en arc des parties du niveau, il faut se servir d'appareils particuliers construits dans ce but, ou mieux encore de grands cercles divisés qu'on trouve ordinairement dans les observatoires. Toutefois, on pourrait au besoin employer l'instrument des passages lui-même, en supposant connue la hauteur h du pas de la vis c servant à corriger les erreurs d'horizontalité, car si l'on désigne par d la distance de l'axe de la vis à la droite qui joint les pivots autour desquels tourne la platine P″, $\frac{h}{d \sin 1''}$ exprimera l'angle α dont varie l'inclinaison de l'axe de rotation lorsqu'on fait faire à la vis une révolution entière. Si on a $h = 0{,}5$ millimètre, et $d = 300$ millimètres, on trouvera par cette formule $\alpha = 343'',77$. Supposons que la tête de vis porte une circonférence entière divisée en 200 parties égales, chacune d'elles, si la vis est bien construite, correspondra à 1″,72 de variation dans l'inclinaison de l'axe. Pour déterminer la valeur angulaire d'une division du niveau, il suffira donc d'observer de combien de parties il faut tourner la vis pour faire marcher la bulle d'un certain nombre de divisions, et en répétant l'expérience on arrivera à une détermination suffisamment exacte. Il conviendra de faire parcourir à la bulle toutes les parties de l'échelle afin de s'assurer si la courbure du niveau est constante; si cette importante condition n'était pas remplie, la valeur angulaire d'une partie ne serait pas la même dans les différentes positions de la bulle, et il faudrait déterminer avec soin les erreurs que cette inégalité apporterait dans les indications du niveau.

Exemple de la détermination des parties du niveau.

14. On place le niveau tout monté sur la lunette d'un cercle divisé de manière que l'axe du tube et l'axe de la lunette soient à peu près dans un même plan vertical. On fait tourner le cercle de manière que la bulle arrive à une extrémité de l'échelle. Dans cette position on lit à l'extrémité Sud de la bulle 28ᵖ, 1 et à l'extrémité Nord 3ᵖ, 0. Le vernier du cercle donne 0′. 5″.

On fait ensuite tourner le cercle successivement de 12″ et chaque fois on lit les divisions correspondantes aux extrémités de la bulle. Ce qui fournit pour toute l'étendue de l'échelle les nombres suivants :

LECTURE du vernier.	DIFFÉRENCE constante.	EXTRÉMITÉ SUD de la bulle.	DIFFÉRENCE.	EXTRÉMITÉ NORD de la bulle.	DIFFÉRENCE.
0′ 5″		28p, 1		3p, 0	
	12″		2p, 9		3p, 0
0 17		25, 2		6, 0	
	12		3, 2		3, 3
1 29		22, 0		9, 3	
	12		3, 5		3, 4
0 41		18, 5		12, 7	
	12		3, 1		3, 2
0 53		15, 4		15, 9	
	12		2, 9		3, 0
1 5		12, 5		18, 9	
	12		2, 8		2, 8
1 17		9, 7		21, 7	
	12		2, 6		2, 4
1 29		7, 1		24, 1	
TOTAL....	48″	....	21p, 0	....	21p, 1

Ces nombres prouvent qu'à part quelques irrégularités de peu d'importance, une variation de 12″ dans l'inclinaison de l'axe du tube correspond à environ trois parties du niveau. La somme des *différences* montre que 84″ correspondent à 21,05 parties de l'échelle ; la valeur moyenne d'une partie est donc

$$1^{p} = \frac{84''}{21,05} = 3''991.$$

INSTALLATION DE L'INSTRUMENT DANS LE PLAN DU MÉRIDIEN.

Choix de la station. — Support ou pilier qui doit porter l'instrument. — Établissement du cercle méridien sur le pilier.

15. Le choix de la station et l'installation de l'instrument sont deux opérations auxquelles il faut apporter beaucoup d'attention. Les difficultés qui résultent d'une trop grande précipitation se présentent souvent lorsqu'il est trop tard pour y porter remède.

Dans le choix de la station, l'observateur devra se guider par les considérations suivantes :

Si le plan méridien n'est pas entièrement libre, il faut du moins qu'on puisse découvrir depuis la région circompolaire comprenant les étoiles situées à 15° du pôle jusqu'à 8 ou 10° au-dessus de l'horizon opposé au pôle élevé; il faut de plus se placer à l'abri du vent et loin de tout bruit qui pourrait empêcher d'entendre les battements du chronomètre.

Quant au support qui doit recevoir l'instrument, il doit avoir la plus grande solidité possible : un massif en pierre de taille, large de 4 décimètres, long et haut de 7 décimètres, qui reposerait sur un terrain préparé, offrirait toutes les garanties désirables. Mais une telle construction n'est possible que dans des circonstances exceptionnelles; toutefois, l'observateur devra se rapprocher autant qu'il pourra de ces conditions favorables, autrement, malgré toute son habileté, il s'exposerait à perdre le fruit de son travail.

Le navigateur pourra composer son pilier avec quelques-unes des gueuses en fonte qui servent de lest au navire, en ayant soin d'étendre une couche de plâtre ou de terre jaune imbibée d'eau entre chaque assise pour éviter les petits mouvements qui résulteraient d'un porte à faux.

Une forte pièce en bois peint qu'on enfoncerait de 6 à 7 décimètres dans un sol suffisamment solide, serait encore un assez bon support, à la condition qu'un plancher établi autour de ce poteau, sur des pieux placés à distance, garantirait le sol voisin de l'action des observateurs en mouvement.

Dans tous les cas, l'installation doit être telle qu'on puisse tourner autour du pilier, afin d'observer avec facilité au Nord et au Sud; il faut enfin que la surface supérieure sur laquelle repose l'instrument, soit assez grande pour recevoir en outre un chronomètre et une pièce en bois destinée à porter la lampe qui, dans les observations de nuit, sert à éclairer les fils du réticule. Il importe que cette lampe soit assez éloignée des montants pour ne pas les échauffer, et que le centre de sa lumière soit à la hauteur des tourillons; avec cette précaution, il suffira de régler, dans une position quelconque de la lunette, le miroir qui réfléchit de la lumière diffuse dans la direction du tube, pour qu'il se trouve réglé dans toutes les positions.

16. Après avoir déterminé à quelques secondes près, par les moyens ordinaires, l'état absolu du chronomètre à midi vrai du lieu, on placera l'instrument sur le pilier, et on rendra à peu près horizontaux la platine n° 1 et l'axe de rotation. Quelques minutes avant midi, la lunette étant dirigée sur le soleil, on fera mouvoir le pied dans le sens convenable pour maintenir cet astre au milieu du champ jusqu'au moment où le chronomètre indiquera midi vrai. On fixera ensuite le pied dans cette dernière position, en garnissant de plâtre les trois pattes de la platine P, qui portent les vis sur lesquelles repose l'instrument, et pendant tout le temps que le plâtre se solidifiera, on s'attachera à conserver à cette platine une position aussi horizontale que possible. Il n'est pas nécessaire que cette horizontalité de la première platine soit parfaite, car il suffit que les petits mouvements en azimut qu'on donnera à la seconde platine dans le plan de la première, puissent être considérés comme s'effectuant dans un plan horizontal.

Si cette première opération a été conduite avec soin, on se trouvera assez près du méridien, et on y arrivera exactement par de petits mouvements qui pourront être produits à l'aide des vis *a* et *c* qui servent à faire varier l'azimut et l'inclinaison.

Comment on rend horizontal, au moyen du niveau, l'axe de rotation. — Correction à faire aux indications du niveau lorsque les diamètres des tourillons sont inégaux.

17. Le pied de l'instrument étant solidement fixé sur le pilier, comme il vient d'être dit, on s'attachera d'abord à rendre horizontal l'axe de rotation. Pour cela, on placera le niveau sur les tourillons supposés parfaitement ronds et égaux en diamètre; puis agissant alternativement sur la vis de rectification *c* et sur celle du niveau N, on s'arrangera de manière que, dans les deux positions du niveau, la bulle d'air soit comprise entre les divisions tracées sur le tube.

Admettons que l'axe de rotation de la lunette soit horizontal, et que le niveau soit rectifié, c'est-à-dire que la bulle soit toujours comprise dans les mêmes repères lorsqu'on retourne le niveau bout pour bout sur cet axe horizontal. Désignons par B la longueur actuelle de la bulle, exprimée en parties de l'échelle; il est évident que ses extrémités Est et Ouest indiqueront toutes deux $\frac{1}{2}$ B dans les deux positions du niveau; mais si le tube est incliné dans sa monture d'un petit angle x, l'extrémité qui est actuellement à l'Ouest étant la plus élevée, la bulle s'avancera vers l'Ouest et on aura :

1re position du niveau	Extrémité Ouest.....	$\frac{1}{2}\mathrm{B} + x = o.$
Tête de vis à l'Ouest	Extrémité Est.......	$\frac{1}{2}\mathrm{B} - x = e.$

Si on retourne le niveau bout pour bout de telle sorte que la tête de vis qui était d'abord à l'Ouest vienne à l'Est, la bulle montera vers l'Est de la quantité x, et on lira :

2e position du niveau	Extrémité Ouest	$\frac{1}{2}\mathrm{B} - x = o'$
Tête de vis à l'Est	Extrémité Est.......	$\frac{1}{2}\mathrm{B} + x = e'$

Donnons maintenant une petite inclinaison y à l'axe de rotation, en soulevant le coussinet de l'Ouest, la bulle marchera vers l'Ouest de la quantité y et le niveau indiquera successivement :

1re position du niveau Tête de vis à l'Ouest	Extrémité Ouest. . Extrémité Est. . .	$\frac{1}{2}$ B $+ x + y = o$. $\frac{1}{2}$ B $- x - y = e$.
2e position du niveau Tête de vis à l'Est	Extrémité Ouest . Extrémité Est. . . .	$\frac{1}{2}$ B $- x + y = o'$ $\frac{1}{2}$ B $+ x - y = e'$

On tire des quatre dernières égalités

$$(l) \ldots\ldots y = \tfrac{1}{4} \{ (o + o') - (e + e') \}$$
$$x = \tfrac{1}{4} \{ (o - o') - (e - e') \}$$

La première expression donne l'inclinaison de l'axe de rotation et la seconde l'erreur du niveau. On voit que deux observations faites en retournant le niveau bout pour bout suffisent pour déterminer à la fois l'une et l'autre. Pour rendre horizontal l'axe de rotation, on tournera la vis de rectification c, de telle sorte que la bulle du niveau s'avance vers le coussinet le plus bas d'un nombre de parties marquées par y. On fera disparaître l'erreur des parties du niveau en tournant dans le sens convenable la vis N de sa monture.

Nous dirons que l'inclinaison y de l'axe de rotation est positive quand $(o + o')$ est plus grand que $(e + e')$, c'est-à-dire quand le tourillon de l'*ouest* est plus élevé que celui de l'*est*, et négative dans le cas contraire. En adoptant cette convention, il suffira d'appliquer la règle des signes pour avoir la valeur de y telle qu'elle doit entrer dans les formules de correction que nous donnerons plus loin.

18. Lorsque les tourillons sont ronds et d'égal diamètre, comme par construction, les plans qui forment les coussinets sont toujours également inclinés et qu'il en est de même pour les pieds du niveau, les indications immédiates du niveau donnent, par la formule (l), l'inclinaison de l'axe de rotation ; car les cercles égaux sur lesquels sont situés les points de contact des tourillons avec les coussinets et les pieds du niveau appartiennent au cylindre des deux tourillons et les droites joignant les points de contact deux à deux sont des génératrices parallèles aux communes intersections des plans tangents qui forment les pieds du niveau et les coussinets.

Mais lorsque les tourillons cylindriques ont des diamètres inégaux, les cercles de contact sont situés sur un cône à base circulaire dont l'axe coïncide avec l'axe de rotation de la lunette; les droites qui joignent les points de contact sont des génératrices de ce cône et les intersections des plans tangents passent par son sommet; le niveau n'indique plus alors l'inclinaison de l'axe de rotation, et lorsque, d'après le nivellement, on trouve qu'il est horizontal, on peut voir facilement qu'il est trop élevé du côté du tourillon dont le diamètre est le plus petit. Nous allons calculer la correction constante qu'il faut appliquer dans ce cas à l'inclinaison donnée immédiatement par le niveau.

La figure ci-dessous représente la coupe d'un plan vertical passant par l'axe de rotation CC'. On a rabattu sur ce plan et autour des droites verticales HN, H'N', les cercles de contact des deux tourillons.

NN' est le niveau reposant sur les tourillons au moyen de deux plans faisant entre eux un angle égal à 2 θ.

Les tourillons sont placés sur leurs coussinets, formés aussi par deux plans qui sont inclinés l'un à l'autre d'un angle 2 φ ; la commune intersection HH' de ces deux plans, est supposée horizontale, C'M, et N'*h* lui sont parallèles. Enfin, N' *p* est une droite menée parallèlement à l'axe CC'.

On désigne par R et *r* les rayons du grand et du petit tourillon, par D la distance HH' qui sépare les deux cercles de contact.

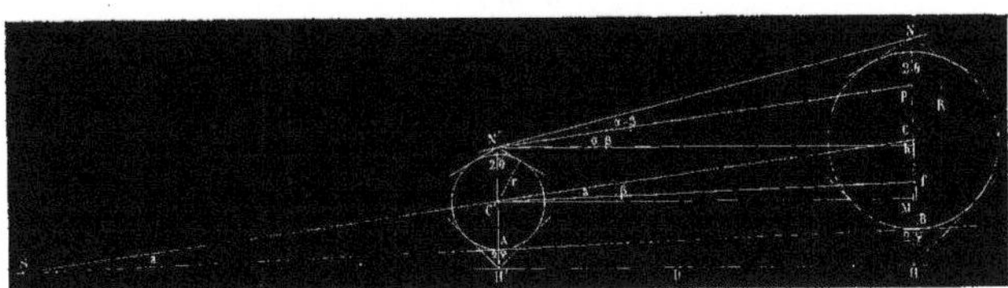

On voit, d'après la figure, que l'inclinaison de l'axe de rotation indiquée par le niveau est α, tandis que l'inclinaison réelle est β;

α — β est donc la correction constante à faire aux indications du niveau. Calculons les angles α et β.

Dans le triangle rectangle CC'M on a :

$$\text{tang}\,\beta = \frac{CM}{MC'} = \frac{CH - C'H'}{D} = \frac{(R-r)}{D \sin\varphi}\cdot$$

et comme β est un très-petit angle, on peut écrire :

$$\beta = \frac{R - r}{D \sin 1''} \cdot \frac{1}{\sin \varphi}$$

on a de même dans le triangle rectangle NN′ h

$$\operatorname{tang} \alpha = \frac{Nh}{hN'} = \frac{Np + ph}{D}$$

Mais $Np = NC - N'C' = \frac{(R - r)}{\sin \theta}$, $ph = D \operatorname{tang} \beta = \frac{R - r}{\sin \varphi}$

On aura donc : $\operatorname{tang} \alpha = \frac{R - r}{D} \left(\frac{1}{\sin \varphi} + \frac{1}{\sin \theta} \right)$

ou simplement $\alpha = \frac{(R - r)}{D \sin 1''} \left(\frac{1}{\sin \varphi} + \frac{1}{\sin \theta} \right)$

La correction à faire aux indications du niveau sera par conséquent :

$$\alpha - \beta = \frac{R - r}{D \sin 1''} \cdot \frac{1}{\sin \theta}$$

Ainsi en désignant par y l'inclinaison véritable de l'axe de rotation et en posant $\frac{R - r}{D \sin 1''} = a$ on aura généralement :

$$y = \tfrac{1}{4} \left\{ (o + o') - (e + e') \right\} \pm \frac{a}{\sin \theta} \qquad (m)$$

On établira une règle invariable relativement au signe qu'on doit donner à la correction, en se rappelant que, lorsque le niveau n'indique aucune inclinaison, l'axe de rotation est cependant trop élevé du côté du petit tourillon ou du côté du sommet du cône. D'après la convention que nous avons faite, la correction sera donc additive si le sommet du cône est à l'*ouest*, et négative s'il est à l'*est*.

19. La quantité $\frac{R - r}{D \sin 1''}$ peut être considérée comme représentant la moitié de l'angle au sommet du cône formé par les tangentes extérieures communes aux deux cercles de contact. Menons, en effet, dans la figure ci-dessus la droite $C'f$ parallèle à la tangente commune AB, elle fera avec l'axe CC' un angle a égal à la moitié de l'angle au sommet du cône. Or, les deux triangles rectangles $CC'f$, $CC'M$ donnent respectivement :

$$CC' = \frac{R - r}{\sin a} \qquad CC' = \frac{D}{\cos \beta}$$

d'où l'on conclut, à cause de la petitesse des angles a et β,

$$a = \frac{R - r}{D \sin 1''}$$

C'est le niveau qui servira à découvrir si les tourillons sont inégaux et qui permettra dans ce cas de déterminer l'angle au sommet du cône $\frac{2(R - r)}{D \sin 1''}$; on observera pour cela l'inclinaison de l'axe de rotation dans les positions directe et inverse de l'instrument. Si l'on désigne respectivement par N et N' les indications correspondantes calculées par la formule (l), leur différence N—N' sera nulle ou aura une valeur déterminée. Dans le premier cas, les tourillons sont égaux et il n'y a pas de correction à appliquer ; dans le second cas on aura :

$$N - N' = 2\alpha = \frac{2(R - r)}{D \sin 1''}\left(\frac{1}{\sin \varphi} + \frac{1}{\sin \theta}\right)$$

d'où l'on tire :

$$\frac{R - r}{D \sin 1''} = \alpha \frac{\sin \varphi \sin \theta}{\sin \varphi + \sin \theta}$$

On peut mesurer directement les angles 2φ et 2θ par des procédés graphiques avec une exactitude suffisante et calculer par cette formule l'angle au sommet du cône. Cet angle et la correction qui en dépend sont évidemment constants pour un même instrument ou du moins ils ne varient qu'en raison des altérations qu'éprouvent le niveau, les coussinets et les tourillons.

Le plus souvent on a par construction $2\varphi = 2\theta$; l'expression précédente devient alors :

$$\frac{R - r}{D \sin 1''} = \tfrac{1}{2} \alpha \sin \theta$$

Et la correction $\frac{a}{\sin \theta}$ se réduit à $\frac{1}{2}\alpha$, c'est-à-dire au quart de la différence constante N—N'.

Pour décider quel est celui des deux tourillons qui est le plus petit, on comparera, *en ayant égard aux signes*, les deux indications du niveau N (position directe) et N' (position inverse). Si N est plus grand que N', le plus petit tourillon était à l'*est* dans la position directe ; si au contraire N est plus petit que N', le petit tourillon était à l'*ouest* dans la même position.

Application des règles précédentes.

20. On aura rarement à s'occuper des erreurs provenant de la différence des tourillons, car leurs diamètres sont presque toujours sensiblement égaux, et pour réunir dans un exemple toutes les corrections qu'on peut à la rigueur avoir à calculer, j'ai été obligé de prendre un instrument non terminé dans lequel l'artiste avait laissé subsister à dessein une différence considérable dans les diamètres des tourillons. L'angle des coussinets que nous avons désigné par 2φ est dans cet instrument de 90°, et l'angle 2θ que font entre eux les plans par lesquels le niveau s'appuie sur les tourillons est de 120°. Nous avons donc ici:

$$\varphi = 45^\circ \text{ et } \theta = 60^\circ.$$

De plus la distance D qui sépare les coussinets est de 205 millimètres.

L'angle 2α, différence entre les indications du niveau dans deux positions successives Ouest et Est du cercle méridien, a été trouvé de $6^p,84$ du niveau par un grand nombre d'observations, et comme chaque partie de ce niveau correspond à 3″,99 d'arc, on a $2\alpha = 27'',29$.

Nous rapportons ici deux des nombreuses déterminations de l'angle 2α.

CERCLE A L'OUEST. (POSITION DIRECTE.) *Lectures du grand niveau.*	CERCLE A L'EST. (POSITION INVERSE.) *Lectures du grand niveau.*

1re opération.

NIVEAU.				
1re position...	$e = 17^p,5$	$o = 12^p,0$	$e = 3^p,5$	$o = 24^p,6$
2e position...	$e' = 9^p,6$	$o' = 19^p,5$	$e' = 8^p,7$	$o' = 19^p,4$
	$(e+e') = 27^p,1$	$(o+o') = 31^p,5$	$(e+e') = 12^p,2$	$(o+o') = 44^p,0$

$$\frac{1}{4}\left[(o+o') - (e+e')\right] = +\frac{4,4}{4} \qquad\qquad \frac{1}{4}\left[(o+o') - (e+e')\right] = \frac{+31^p,8}{4}$$

d'où : Inclinaison donnée par le niveau $= +1^p,1, = N$, c'est-à-dire que le tourillon de l'Ouest est trop élevé de $1^p,1$.

d'où : Inclinaison donnée par le niveau $= +7^p,95 = N'$, c'est-à-dire que le tourillon de l'Ouest est trop élevé de $7^p,95$.

$$N' - N = 2\alpha = 6^p,85.$$

CERCLE A L'OUEST. (POSITION DIRECTE.) *Lectures du grand niveau.*	CERCLE A L'EST. (POSITION INVERSE.) *Lectures du grand niveau.*
2e opération.	
NIVEAU.	
1re position... $e = 20^p,1$ $o = 9^p,1$	$e = 13^p,0$ $o = 15^p,6$
2e position... $e' = 14^p,7$ $o' = 14^p,6$	$e' = 7^p,2$ $o' = 21^p,2$
$(e + e') = 34^p,8$ $(o + o') = 23^p,7$	$(e + e') = 20^p,2$ $(o + o') = 36^p,8$
$\frac{1}{4}\left[(o + o') - e + e')\right] = \frac{-11^p,1}{4}$	$\frac{1}{4}\left[(o + o') - (e + e')\right] = \frac{+16^p,6}{4}$
d'où : Inclinaison donnée par le niveau $= -2^p,78 = N$, c'est-à-dire que le tourillon de l'Ouest est trop bas de $2^p,78 = 11''09$.	d'où : Inclinaison donnée par le niveau $= +4^p,15 = N'$, c'est-à-dire que le tourillon de l'Ouest est trop élevé de $4^p,15 = 16'',56$.

$N' - N = 2\alpha = 6^p,93$.

On voit, par ces mesures, que l'inclinaison de l'axe de rotation donnée par le niveau est plus petite quand le cercle est à l'*Ouest* que quand il est à l'*Est*, puisqu'on trouve $1^p,1$ dans le premier cas et $7^p,95$ dans le second. C'est donc le tourillon voisin du cercle qui est le plus mince. On a, pour calculer la différence des rayons, la moitié de l'angle au sommet du cône et la correction du niveau, les trois formules :

$$(R - r) = D.\alpha \sin 1'' \frac{\sin \varphi \sin \theta}{\sin \alpha + \sin \theta}; \quad a = \frac{R - r}{D \sin 1''}. \quad \alpha - \beta = \frac{a}{\sin \theta}$$

Voici les détails du calcul :

			nombres.
$D = 205^{mm}$	Log $D = 2,31175$	Sin φ Log $= 9,84949$	0,70711
$\alpha = 13'',645$	Log $\alpha = 1,13497$	Sin θ Log $= 9,93753$	0,86602
$\theta = 60°$	Log sin $1'' = 4,68557$	Log sin φ sin $\theta = 9,78702$	somme $= 1,57313$
$\varphi = 45°$	Log sin φ sin $\theta = 9,78702$	Log (sin φ + sin θ)	$= 0,19677$
	Log (sin θ + sin φ) comp $= 9,80323$		

Log $(R - r) = 7,72254$... 0,0053 millim. (différence des rayons).

Log $(D \sin 1'') = 6,99732$

Log $a = 0,72522$

$a = 5'',311$.

correct. du niveau $= \frac{a}{\sin \theta}$

Log $a = 0,72522$

Log sin $\theta = 9,93753$

Log $\frac{a}{\sin \theta} = 0,78769$

Correction constante $\alpha - \beta = 6'',13$

Ainsi la différence entre les rayons des tourillons dépasse à peine *cinq millièmes* de millimètre, et l'angle 2α au sommet du cône est de $10'',6$ environ.

En nommant N l'inclinaison en secondes de l'axe de rotation telle que la donne le niveau, et y l'inclinaison véritable, nous aurons :

$$y = N \pm 6'',13.$$

On prendra le signe + si le cercle est à l'Ouest et le signe — s'il est à l'Est ; car, pour cet instrument, le sommet du cône est toujours du côté du cercle. Appliquant cette règle aux nombres obtenus dans la deuxième opération rapportée plus haut, on trouvera :

Inclinaison cercle à l'Ouest : $y = -11'',09 + 6'',13 = -4'',96$, dont le tourillon de l'Ouest trop bas.

Inclinaison cercle à l'Est : $y = +16'',56 - 6'',13 = +10'',43$, dont le tourillon de l'Ouest trop haut.

Correction des erreurs provenant d'une position défectueuse du réticule. — Détermination de l'erreur d'axe optique à l'aide d'une mire.

21. Le réticule ou la pièce annulaire sur laquelle les fils horaires sont tendus, doit être placé au foyer commun de l'objectif et de l'oculaire ; il faut de plus que sa position dans le plan focal soit telle que les fils horaires soient perpendiculaires à l'axe de rotation ; enfin, on doit également rendre perpendiculaire à cet axe, l'axe optique de la lunette, c'est-à-dire la ligne qui joint le centre de l'objectif à l'intersection du fil méridien et du fil des hauteurs.

Nous allons indiquer comment on réalise ces trois conditions.

22. Pour placer les fils au foyer commun de l'oculaire et de l'objectif, on enfonce ou on retire l'oculaire jusqu'à ce que l'image des fils soit parfaitement distincte ; ensuite, la lunette étant dirigée sur un objet éloigné, on fait mouvoir le tuyau qui porte le réticule, de manière que l'image de l'objet soit vue nettement en même temps que les fils. Si on a visé à un astre, on obtient ainsi le foyer *principal* de la lunette. Cette position du système oculaire, la seule qui convienne aux observations astronomiques, doit être déterminée avec le plus grand soin dans les instruments avec lesquels on observe les passages de la lune au méridien, pour en déduire les longitudes géographiques ; si le réticule ne coïncidait pas exactement avec le foyer principal, le demi-diamètre de la lune paraîtrait trop grand dans la lunette, et l'heure du passage au méridien serait affectée d'une erreur constante. Pour cette détermination du foyer astronomique, l'observateur devra choisir de préférence la lune ou le soleil dont les taches se prêtent bien à cette importante opération. Il sera bon de voir ensuite, comme vérification, si en changeant seulement la position du verre oculaire, on peut obtenir une image de l'astre plus nette que celle qu'on avait d'abord, et dans ce cas, replaçant l'oculaire au foyer des fils, on donnerait un mouvement égal et contraire au tuyau qui porte le réticule ; enfin on marquera par un trait, sur le tube de la lunette, cette position particulière du réticule, pour la retrouver facilement.

23. On rendra les fils horaires perpendiculaires à l'axe de rotation, en opérant de la manière suivante :

On se placera, comme il vient d'être dit, au foyer d'un objet terrestre éloigné pouvant servir de mire; ensuite on dirigera *la croisée des fils* sur cette mire, que l'on bissectera aussi exactement que possible en changeant, s'il est nécessaire, l'azimut de l'instrument à l'aide de la vis de rectification *a*, figures 2 et 5. Puis on fera tourner la lunette autour de son axe; si, pendant ce mouvement, la mire reste exactement bissectée par le fil méridien dans toute l'étendue du champ, les fils horaires pourront être considérés comme perpendiculaires à l'axe de rotation. Si, au contraire, la mire, arrivée au bord du champ, s'écartait sensiblement du fil méridien, on desserrerait les vis *j*, *j'* qui fixent le réticule à la lunette, et on donnerait à celui-ci un mouvement circulaire pour amener l'extrémité du fil méridien au centre de la mire.

Quand la lunette sera dans le méridien, on pourra facilement reconnaître si l'opération précédente a été bien faite; car en dirigeant la lunette sur une étoile située dans l'équateur, cet astre devra parcourir le champ en suivant exactement le fil horizontal.

24. Passons enfin au moyen de rendre l'axe optique perpendiculaire à l'axe de rotation.

L'instrument se trouvant dans la position directe, l'observateur dirigera la lunette vers le point de mire précédemment choisi, et donnant un petit mouvement azimutal au moyen de la vis *a*, il fera en sorte que la mire soit coupée par le fil du milieu en deux parties égales. Plaçant alors l'instrument dans la position inverse, il ramènera la lunette sur la mire. Si l'axe optique est perpendiculaire à l'axe de rotation, la mire sera encore bissectée par le fil du milieu : mais s'il y a une déviation, l'erreur d'axe optique sera égale à la moitié de la déviation.

Pour corriger cette erreur, on donnera à l'instrument un mouvement azimutal tel que la déviation apparente soit réduite de moitié, puis, agissant sur la vis de rappel du réticule *f*, on amènera le fil méridien sur la mire aussi exactement que possible. On s'assurera ensuite, par de nouveaux retournements, que la rectification a été bien faite.

25. Il arrive quelquefois qu'on a observé avec une position vicieuse de l'axe optique et qu'il faut déterminer la valeur angulaire de l'erreur avant de la corriger par le procédé que nous venons d'indiquer. Dans ce cas on établira, à une distance D de l'objectif de la lunette, une règle horizontale divisée en parties égales, en centimètres par exemple, et on observera le nombre N de ces parties comprises entre les deux positions successives du fil moyen avant et après le renversement de la lunette sur ses coussinets. L'erreur d'axe optique exprimée en secondes de temps aura pour expression $\frac{\frac{1}{2}N}{15.\ D \sin 1''}$.

Son signe sera déterminé d'après la règle suivante :

Lorsque la lunette renverse les objets, si la mire, dans la seconde position de l'instrument, paraît à droite de l'observateur relativement au fil du milieu, l'erreur d'axe optique pour la première position de l'instrument est en réalité orientale et positive : elle serait, au contraire, occidentale et négative si la mire paraissait à gauche de l'observateur.

Exemple. — La mire dont on s'est servi est une règle en bois, divisée en centimètres, située au sud à une distance de 59,8 mètres de l'objectif. La graduation vue dans la lunette va en croissant de la droite vers la gauche de l'observateur.

On a trouvé, par plusieurs retournements, que le fil du milieu correspondait à la division 15,1 centimètres dans la position directe, et à la division 18,8 centimètres dans la position inverse de l'instrument. On conclut de là 1,85 centimètres pour la valeur de $\frac{1}{2}$ N, et comme la distance à la mire est de 5980 centimètres, on aura $4^s,254$ pour l'erreur d'axe optique exprimée en secondes de temps, comme on peut le voir d'après le calcul suivant :

$\frac{1}{2}$N=1,85 . . . . . log=0,26717
D=5980 . . . . co-log=6,22330
Sin1″ . . . . . . co-log=5,31443
15 . . . . co-log=8,82391

Erreur d'axe optique . . . log=0,62881
Nombre . . . . =$4^s,254$

Cette déviation de l'axe optique, dans la position directe, est orientale et positive, car, les divisions allant en croissant de la droite vers la gauche, le point de mire de la première position qui, dans notre exemple, est la division **15,1** *paraît* à droite de l'observateur relativement au fil du milieu, dans la seconde position de l'instrument.

26. On peut faire au procédé précédent une objection sérieuse :

L'erreur, déterminée de cette manière, est relative à la position du réticule particulière à la distance de 59,8 mètres, or, il n'est pas impossible qu'en ajustant le réticule à cette distance, on ajoute une nouvelle déviation à celle qui correspondait au foyer astronomique, et dont on ne tiendrait pas compte dans le calcul des corrections. Pour éviter cet inconvénient, on a fixé à la platine P'' un *collimateur* (planche III) consistant en une lunette qui porte à son foyer principal une plaque de verre divisée : cette plaque de verre se voit dans la lunette méridienne par des rayons parallèles, et par conséquent dans la position du réticule qui convient aux observations astronomiques; elle fait l'office d'une mire placée à une distance infiniment grande et pouvant servir aussi bien la nuit que le jour (1). Ce collimateur est mobile autour d'un centre, ce qui permet de faire coïncider le trait milieu de la plaque de verre avec le fil moyen du réticule.

L'erreur d'axe optique, trouvée par le retournement de la lunette sur un collimateur ou sur une mire éloignée, ne peut servir à la correction des passages observés à la lunette, qu'autant que les distances des fils horaires au fil méridien sont égales deux à deux : si cette condition n'était pas exactement remplie, on devrait ajouter à la déviation observée, la distance du fil méridien au fil idéal qui correspond à la moyenne arithmétique des fils. Pour l'instrument qui nous a servi à faire les observations rapportées plus loin, la distance du fil méridien à la moyenne est, dans la position directe, de — **0s,141** (voir page 33). C'est cette quantité qu'il faut ajouter, *en ayant égard aux signes*, à l'erreur d'axe optique déterminée plus haut. Elle sera donc de + **4s,113** dans la position directe et de — **4s,113** dans la position inverse.

Procédé pour amener dans le méridien astronomique le plan vertical décrit par la lunette.

27. Nous venons de voir comment on peut rendre horizontal l'axe de rota-

(1) La valeur en seconde des parties du collimateur s'obtient en divisant l'intervalle compris entre deux divisions consécutives, par la distance focale de la lentille. Supposons chaque partie de la plaque de verre divisée de 1/50 de millimètre et la distance focale de la lentille de 250 millimètres, on aura, en désignant par p la valeur en arc d'une partie, $p = \frac{1}{50.250.\ \mathrm{Sin}\ 1''} = 16'',50$.

tion et établir la perpendicularité de cet axe sur l'axe optique de la lunette. Ces deux conditions étant remplies, la lunette décrit un plan vertical; il y a plus, d'après la méthode que nous avons suivie (16), ce plan vertical est déjà très-voisin du méridien astronomique Pour arriver à une coïncidence parfaite, et satisfaire à la troisième des conditions énoncées page 6, nous allons avoir recours à l'observation des étoiles au moment de leur culmination. Nous choisirons celles dont le déplacement apparent est le plus lent, parce qu'alors une erreur d'un nombre de secondes déterminé sur le temps du passage au fil méridien, correspond à une déviation d'autant plus petite que le mouvement de l'étoile est plus lent. Les étoiles circompolaires doivent évidemment avoir la préférence sur les autres, car elles décrivent autour du pôle dans le même temps que les étoiles équatoriales des cercles d'un rayon beaucoup plus petit, et leurs vitesses apparentes, qui sont en raison de ces rayons, c'est-à-dire en raison des sinus des distances polaires, sont nécessairement beaucoup plus faibles.

L'observateur choisira donc dans le catalogue annexé à ce traité une des étoiles circompolaires qui passent au méridien vers l'époque où il compte opérer; puis, connaissant la position de cette étoile pour le jour de l'observation, le mouvement diurne du chronomètre et son état absolu sur le temps moyen du lieu, ayant de plus la longitude approchée et la latitude de la station, il calculera la hauteur méridienne de l'astre, et l'heure que doit marquer le chronomètre au moment même de la culmination. Cela fait, l'observateur dirigera sa lunette vers l'étoile quelque temps avant son passage au méridien, et, si l'installation de l'instrument sur son pilier a été faite avec soin, conformément à ce qui a été dit précédemment, il devra trouver l'étoile dans le champ de la lunette. En tournant dans le sens convenable la vis *a*, qui fait varier l'azimut, il maintiendra l'étoile sous le fil horaire du milieu, jusqu'à l'instant indiqué par le chronomètre pour l'époque de la culmination, puis il serrera *modérément* la vis *a'* opposée à la vis *a* afin de fixer l'instrument dans cette position. Si la distance des fils était connue, on pourrait calculer l'heure du passage de l'étoile au premier fil par exemple, et attendre, dans ce cas, pour serrer la vis *a'*, qu'on eût vérifié sur les autres fils cette première position de la lunette. C'est alors que seront réalisées, avec une exactitude suffisante, les trois conditions auxquelles est assujetti tout instrument méridien. L'observateur se trouvera donc en mesure de commencer les observations astronomiques qui devront le conduire à la détermination de sa position géographique.

28. Donnons un exemple du calcul de l'heure que doit indiquer un chronomètre réglé sur le temps moyen, au moment du passage au méridien d'une étoile connue de position :

Le 24 décembre 1853, par 137°13′ de longitude Est et 47°51′ de latitude Nord, on a trouvé par les procédés ordinaires :

Retard du chronomètre sur le midi moyen du lieu = $9^h\ 27^m\ 46^s,82$; retard diurne = $12^s,78$.

On demande l'heure qu'indiquera ce chronomètre au moment du passage supérieur au méridien de la station, d'une étoile dont la position apparente est : Æ = $23^h 27^m 39^s,17$; distance au pôle nord = 3° 32′ 4″,5. On demande en outre la hauteur méridienne de l'étoile au-dessus de l'horizon Sud.

A midi moyen du lieu, le chronomètre marquait $24^h - 9^h 27^m 46^s,82 = 14^h\ 32^m\ 13^s,18$. En ajoutant à ce nombre le temps moyen de la culmination de l'étoile affecté du mouvement du chronomètre, on aura l'heure du chronomètre au moment de cette culmination.

DÉTAILS DU CALCUL.

Temps sidéral à 0^h, temps moyen de Paris le 24 décembre 1853 (Conn. d. T.)........	$18^h 11^m 40^s,34$
Table IX, conn. des temps. Réduct. pour la différ. de longitude = $9^h\ 8^m\ 52^s$........	— 1 30,16
Temps sidéral à 0^h, temps moyen du lieu le 24 décembre 1853.	18 10 10,18
Ascension droite de l'étoile........	23 27 39,17
Intervalle de t. sid. écoulé depuis midi moyen jusqu'au moment du passage........	5 17 28,99
Table VIII, connaissance des temps. — Réduction au temps moyen........	— 52,11
Temps moyen de la culmination de l'étoile........	5 16 36,88
Mouvement du chronomètre en $5^h 16^m 36^s,88$........	— 2,81
Heure du chronomètre à midi moyen du lieu........	14 32 13,18
Heure du chronomètre au moment de la culmination de l'étoile.	19 48 47,25

Si l'étoile, au lieu d'être à son passage supérieur, avait été au passage inférieur, on aurait ajouté 12^h à son ascension droite, et le calcul se serait fait de la même manière. Quant à la hauteur méridienne de l'astre *au-dessus de l'horizon Sud*, on la trouvera de 128° 37′, en combinant la hauteur du pôle 47° 51′ avec la distance polaire de l'étoile 3°32′.

6

OBSERVATION DES ASTRES A LA LUNETTE MÉRIDIENNE. — ERREURS INSTRUMENTALES. — CORRECTION DES OBSERVATIONS.

Déterminer exactement l'heure du passage d'une étoile derrière un fil vertical.

29. Nous allons maintenant entrer dans quelques détails sur la manière d'observer à l'instrument des passages.

Lorsqu'on dirige la lunette méridienne vers une étoile avant sa culmination, on la voit apparaître au bord du champ, s'avancer d'un mouvement uniforme en suivant de très-près le fil horizontal du réticule, disparaître pendant un instant très-court derrière chaque fil vertical, atteindre enfin le bord opposé du champ, pour disparaître tout à fait. L'observation du passage d'un astre au méridien consiste dans l'appréciation exacte du moment où l'étoile passe derrière chaque fil ; toute la difficulté d'une observation méridienne est là : l'observateur doit donc avant tout s'exercer à bien saisir la seconde et le dixième de seconde qui correspondent à l'occultation de l'étoile par un fil. Cette observation lui paraîtra d'abord assez difficile, mais, au bout d'un petit nombre de jours, il acquerra une habileté dont il sera lui-même étonné.

Avec une lunette grossissant de 30 à 60 fois comme celle des instruments portatifs, l'erreur probable du passage par un fil ne dépasse pas $0^s,15$ pour une étoile équatoriale; cette erreur croît lentement avec la déclinaison de l'astre, et à $88°\frac{1}{2}$ elle n'est pas encore de 4 secondes de temps. On peut entrevoir déjà, d'après ces nombres, la grande précision que comporte ce genre d'observation.

Voici, sur la manière d'évaluer le temps du passage d'une étoile derrière un fil horaire, quelques indications pratiques dont les observateurs pourront tirer parti et qui faciliteront peut-être leurs premiers essais. Supposons qu'on se serve d'un chronomètre battant la demi-seconde : lorsque l'étoile s'approchera du premier fil, l'observateur prendra la seconde au chronomètre, comptera les battements de deux en deux en marquant la demi-seconde par un mouvement imperceptible et il notera comme il suit les passages aux fils horaires. Si l'occultation derrière un fil correspond au battement de la 10e seconde, par exemple, il notera $10^s,0$. Si elle arrive sensiblement après la seconde, il notera $10^s,2$ ou $10^s,3$; il notera $10^s,5$ au demi-battement, enfin $10^s,7$ ou $10^s,8$ si l'étoile disparaît sensiblement après le demi-battement. Plus tard l'observateur parviendra à apprécier les dixièmes intermédiaires.

Le chemin parcouru par l'étoile dans une seconde de temps peut aussi aider à apprécier les fractions, si l'on conserve le sentiment de sa grandeur apparente; en effet, au moment où l'on entend le battement de la seconde qui doit précéder immédiatement la disparition, on remarque la distance de l'étoile au fil, et, en la comparant mentalement au chemin parcouru en une seconde entière, on parvient à évaluer la fraction; on peut vérifier cette première évaluation, en comparant de même l'espace compris entre le fil et l'étoile au moment où l'on entend le battement de la seconde qui suit immédiatement la bissection.

30. Quand le chronomètre bat les $\frac{1}{5}$ ou les $\frac{2}{5}$ de seconde, les moyens précédents doivent être modifiés, on pourra employer avec succès le procédé suivant : quelques secondes avant le passage de l'étoile par un fil, l'observateur écrit la minute et un nombre rond de secondes. Il compte ensuite le nombre de battements écoulés depuis le moment où l'aiguille atteint la seconde inscrite jusqu'à celui de la disparition de l'étoile derrière le fil, en s'aidant de ses doigts pour retenir les dizaines si le nombre à compter est trop grand. Convertissant alors ces battements en secondes, et ajoutant le résultat au nombre inscrit d'avance, il obtiendra ainsi l'heure marquée par le chronomètre au moment de la bissection.

Nous transcrivons ici une observation de ε Grande-Ourse faite à l'aide d'un chronomètre qui marquait les $\frac{2}{5}$ de seconde.

	Minutes et nombres ronds de secondes.					Passage aux fils.		
fil.	h.	m.	s.	battements.		h.	m.	s.
1....	10	58	50	+ 16	=	10	58	56s4
2....		59	30	+ 18			59	37,2
3....		0	0	+ 39 $\frac{1}{2}$		11	0	15,8
4....		0	44	+ 24 $\frac{1}{2}$			0	53,8
5....		1	20	+ 29			1	31,6
6....		2	0	+ 28 $\frac{1}{2}$			2	11,4
7....		2	30	+ 48 $\frac{1}{2}$			2	49,4
				Moyenne		11	0	53,66

Dans cet exemple, pour convertir en secondes le nombre des battements, il suffit de le multiplier par $0^s,4$.

Enfin deux observateurs pourront s'exercer à estimer les fractions de seconde, en comparant deux chronomètres dont l'un battra les $\frac{2}{5}$ et l'autre la $\frac{1}{2}$ seconde. L'un des observateurs se servira du chronomètre qui bat les $\frac{2}{5}$ de seconde, et donnera des tops, tantôt sur des nombres ronds de secondes et tantôt sur des fractions, tandis que l'autre estimera, sur le chronomètre à demi-seconde, les dixièmes de seconde qui correspondent aux tops. Mais peut-être avons-nous trop insisté sur ces détails, c'est surtout par la pratique que l'on atteindra toute la précision dont ces observations sont susceptibles.

Déterminer la distance équatoriale des fils.

31. Quand on aura observé le passage d'un astre à tous les fils horaires, la moyenne des nombres inscrits donnera l'instant du passage par le plan que décrit la lunette. S'il arrivait qu'on eût manqué l'observation pour un ou plusieurs fils, on pourrait néanmoins obtenir ce passage en ramenant à la moyenne, les fils pour lesquels l'observation aurait été faite. Mais, pour opérer cette réduction, il faut connaître d'abord le temps qu'une étoile située dans l'équateur met à aller d'un fil à l'autre. Dès que l'observateur aura acquis l'habitude d'évaluer les dixièmes de seconde, il choisira parmi ses observations complètes celles qui lui paraîtront les plus exactes, et il les discutera ainsi que nous allons l'expliquer :

Reprenons l'observation de ε Grande-Ourse, rapportée précédemment, on a pour la moyenne des 7 fils :

$$11^{h}\ \ 0^{m}\ \ 53^{s}66$$

et pour la distance de chaque fil à la moyenne.

		secondes.
1er fil.............	+	117,26
2e fil.............	+	76,46
3e fil.............	—	37,86
4e fil.............	—	0,14
5e fil.............	—	37,94
6e fil.............	—	77,74
7e fil...	—	115,74

Avec une étoile plus éloignée de l'équateur que ε Grande-Ourse, on trouve des distances d'autant plus grandes, que la différence de déclinaison est plus considérable, ainsi qu'on peut le vérifier sur l'observation suivante de β Petite-Ourse.

	Passages observés.			Dist. à la moyenne des sept fils.
1er fil..	1h	8m	5s,0	+ 244s,74
2e....	»	9	30,0	+ 159,74
3e....	»	10	51,0	+ 78,74
4e....	»	12	10,8	— 1,06
5e....	»	13	28,7	— 78,96
6e....	»	14	51,7	— 161,96
7e....	»	16	11,0	— 241,26

1h 12m 9s,74 moyenne.

32. Cette différence tient à ce que l'intervalle constant qui sépare deux fils du réticule correspond, sur des cercles de rayons inégaux comme les parallèles de la sphère céleste, à des arcs composés d'un nombre de secondes d'autant plus grand que le rayon du parallèle est plus petit ou que le parallèle est plus éloigné de l'équateur. La loi de ces variations est facile à trouver.

Représentons par c l'intervalle compris entre deux fils, et considérons deux étoiles dont les distances polaires soient δ et Δ. Si on prend pour unité le rayon de l'équateur, les rayons de leurs parallèles seront $\sin\delta$ et $\sin\Delta$, et en désignant par a et A les arcs de ces parallèles sous-tendus par la corde c, on aura, pour les valeurs de c prises dans l'un et l'autre cercle,

$$c = 2\sin\delta\sin\tfrac{1}{2}a = 2\sin\Delta\sin\tfrac{1}{2}A.$$

Supposons que la première étoile se trouve dans l'équateur même, cette équation deviendra

$$\sin\tfrac{1}{2}a = \sin\Delta\sin\tfrac{1}{2}A \ldots . \quad (n)$$

Et en désignant par t et T le nombre de secondes de temps que les deux étoiles emploient à parcourir les arcs a et A, on aura

$$\sin\tfrac{1}{2}(15\,t) = \sin\Delta\sin\tfrac{1}{2}(15\,T) \ldots . \quad (n')$$

Tant que a et A sont assez petits pour qu'ils puissent être considérés comme se confondant avec leurs sinus, on peut, à la relation précédente, substituer celle-ci :

$$t = T\sin\Delta \qquad (p)$$

Le temps t est ce qu'on nomme la distance équatoriale des fils; pour la déterminer au moyen des observations de ε Grande-Ourse et β Petite-Ourse, il suffira de multiplier respectivement par les sinus des distances polaires des deux étoiles, les distances trouvées plus haut. C'est ce calcul qui se trouve effectué dans le tableau cidessous.

	ε GRANDE OURSE. $\Delta = 33° 14'$		β PETITE OURSE. $\Delta = 15° 14',5$	
	DISTANCES observées à la moyenne τ	DISTANCES équatoriales des fils. $\tau \sin \Delta$	DISTANCES observées à la moyenne τ	DISTANCES équatoriales des fils $\tau \sin \Delta$.
1er fil	$+117^s,26$	$+64^s,270$	$+244^s,74$	$+64^s,339$
2e fil	$+76^s,46$	$+41^s,854$	$+159^s,74$	$+41^s,992$
3e fil	$+37^s,86$	$+20^s,755$	$+78^s,74$	$+20^s,700$
4e fil	$-0^s,14$	$-0^s,104$	$-1^s,06$	$-0^s,279$
5e fil	$37^s,94$	$-20^s,787$	$-78^s,96$	$-20^s,757$
6e fil	$-77^s,74$	$-42^s,600$	$-161^s,96$	$-42^s,576$
7e fil	$-115^s,74$	$-63^s,280$	$-241^s,96$	$-63^s,423$

Les nombres de la troisième et de la cinquième colonnes, calculés par la formule (p), devraient être égaux deux à deux, les différences sont dues aux erreurs d'observation.

33. Pour obtenir avec précision la distance équatoriale des fils, les étoiles circompolaires sont en général préférables aux autres, surtout lorsque la lunette dont on se sert a un grossissement considérable; mais avec les lunettes des instruments portatifs, l'avantage ne paraît pas être aussi grand. Avec une soixantaine d'observations méridiennes faites dans des circonstances favorables, à différentes déclinaisons, on obtiendra la distance équatoriale des fils avec toute l'exactitude désirable. C'est ainsi que j'ai trouvé pour l'instrument dont il a déjà été question, les valeurs suivantes des distances équatoriales de chaque fil à la moyenne :

DISTANCES ÉQUATORIALES DES FILS.			
PASSAGES SUPÉRIEURS.	POSITION DIRECTE (cercle à l'Ouest). t	POSITION INVERSE (cercle à l'Est). t	PASSAGES INFÉRIEURS.
1er fil	+ 64s,189	+ 63s,357	7e fil.
2e fil	+ 41 ,945	+ 42 ,554	6e
3e fil	+ 20 ,678	+ 20 ,736	5e
4e fil	+ 0 ,141	+ 0 ,141	4e
5e fil	— 20 ,736	— 20 ,678	3e
6e fil	— 42 ,554	— 41 ,945	2e
7e fil	— 63 ,357	— 64 ,189	1er

On se servira de ces nombres toutes les fois qu'on voudra réduire une observation incomplète, en d'autres termes, toutes les fois qu'on voudra conclure d'une observation faite à un fil, le passage de l'astre, tel qu'on l'aurait obtenu si ce fil, au moment de l'observation, eût coïncidé avec le fil idéal correspondant à la moyenne. Suivant que l'étoile se trouve à son passage supérieur ou à son passage inférieur, on entre dans la table par la première ou par la dernière colonne.

34. Pour une étoile dont la distance polaire est Δ, la distance T d'un fil à la moyenne, se déduira de la distance équatoriale t, par la formule $T = \frac{t}{\sin \Delta}$, toutes les fois que Δ est plus grand que 15°; mais, au dessous de 15°, on ne doit pas faire usage de la formule précédente; on se servira alors de la relation (n′) qui est rigoureuse, seulement on la rendra plus commode pour le calcul, tout en lui conservant une exactitude suffisante, en développant les sinus; et si on s'arrête aux seconds termes des développements, on aura :

$$t = T \sin \Delta - 37{,}5 \sin^2 1''.T^3 \sin \Delta$$

$$T = \left(\frac{t}{\sin \Delta}\right) + 37{,}5 \sin^2 1'' \left(\frac{t}{\sin \Delta}\right)^3$$

La première expression donne la distance équatoriale t d'un fil, en fonction de la distance observée T et de la distance polaire de l'astre. La seconde fait connaître, pour une distance polaire quelconque Δ, la distance T d'un fil à la moyenne, en fonction de la distance équatoriale t déterminée par un grand nombre d'observations.

35. Ex. — Le 15 mai 1851, on a observé le passage *inférieur* de l'étoile (366 Bradley) Cassiopée; dans les positions directe et inverse de l'instrument, on a trouvé :

	Position directe (cercle à l'Ouest.)	Position inverse (cercle à l'Est.)
1er fil...........	$10^h\ 41^m\ 49^s,7$	—
2^e	42 43 ,0	—
3^e	43 40 ,0	—
4^e	—	—
5^e	—	$10^h\ 45^s\ 5^m,9$
6^e	—	46 2 ,0
7^e	—	46 55 ,5

On demande de calculer la réduction de chaque fil à la moyenne et d'en conclure les passages de l'étoile à la lunette dans les deux positions du cercle méridien.

La distance de polaire de (366 Bradley) est de 22° 49′,8; la formule $T = \frac{t}{\sin \Delta}$ s'appliquera donc ici avec une exactitude suffisante, et, comme l'étoile est à son passage inférieur, le sinus de sa distance polaire est négatif.

Le tableau suivant contient les principales opérations numériques et les détails du calcul pour l'observation faite au 7e fil dans la position inverse de l'instrument.

	CERCLE A L'OUEST (POSITION DIRECTE). (366 Bradley) Cassiopée. Passage inférieur. Log. sin Δ=9,58883—			
	DISTANCES des fils à l'équateur. t	$\frac{t}{\sin \Delta}$	PASSAGE observé.	PASSAGE OBSERVÉ ramené à la moyenne des 7 fils.
	s.	m. s.	h. m. s.	h. m. s.
1er fil..............	— 63,357	+ 2 43,3	10 41 49,7	10 44 33,0
2e fil..............	— 42,554	+ 1 49,7	42 43,0	44 32,7
3e fil..............	— 20,736	+ 0 53,4	43 40,0	44 33,4
			Passage de l'étoile.......	10 44 33,03
	CERCLE A L'EST (POSITION INVERSE).			
5e fil..............	+ 20 736	— 0 53,4	10 45 5,9	10 44 12,46
6e fil..............	+ 42,554	— 1 49,7	46 2,0	44 12,30
7e fil..............	+ 63,357	— 2 43,3	46 55,5	44 12,20
			Passage de l'étoile.....	10 44 12,32

DÉTAILS DU CALCUL POUR LE 7e FIL.

7e fil dist. équat. $t = 63^s,357$ Log. $t = 1,80179+$

$\Delta = 22° \ 49',8$ Log. $\sin \Delta = 9,58883—$

$$\text{Log.}\left(\frac{t}{\sin \Delta}\right) = 2,21296—$$

$$\frac{t}{\sin \Delta} = -2^m \ 43^s,3$$

Passage au 7e fil....... $10^h \ 46^m \ 55,5$

T......... $-2^m \ 43,3$

Réduction à la moyenne.. $10^h \ 44^m \ 12,2$

36. Lorsqu'on voudra réduire une observation incomplète de la lune, la formule $T = \frac{t}{\sin \Delta}$ devra être modifiée à raison de la proximité et du fort mouvement propre de cet astre. En conservant à T et t la même signification que précédemment, on aura, pour la distance d'un fil à la moyenne :

$$T = \frac{t}{\sin \Delta} \cdot \frac{\cos h}{\cos h'} \cdot \frac{3600 + i}{3600}$$

Expression dans laquelle Δ représente, pour l'époque de la culmination, la distance polaire du centre de la lune donnée par les éphémérides, h sa hauteur géocentrique au-dessus de l'horizon de la station, h' sa hauteur apparente, et i son mouvement en ascension droite pour une heure de longitude, calculé par la formule :

$$i = \left(\frac{V}{180}\right) + \frac{1}{3600}\left(\frac{V}{180}\right)^2$$

où V désigne la variation d'ascension droite en 12^h, prise dans la *connaissance des temps* pour la date voisine de l'observation.

La Table V... contient les logarithmes du facteur $\frac{3600 + i}{3600}$ calculés pour toutes les valeurs de i comprises entre 100^s et 190^s.

Exemple. — Le 15 mai 1851, à Paris, on a observé le passage de la lune au méridien et la hauteur apparente du centre au moment du passage, on a trouvé :

Hauteur apparente.............. $h' = 23^\circ\ 34'5$,

☾ 2e BORD. (Cercle à l'Ouest.)	PASSAGE.
1er fil..................	$12^h\ 20^m\ 8^s,7$
2e	20 32 ,8
3e	—
4e	21 18 ,3
5e	—
6e	22 3 ,5
7e	—

On demande le passage à la moyenne des fils.

On trouve, dans la *connaissance des temps*, pour $12^h\ 36^m$, époque de la culmination :

Distance polaire du centre de la lune....... $\Delta = 106^\circ\ 44'$, d'où hauteur vraie, $h = 24^\circ\ 26'$

Variation de l'ascension droite en 12^h....... $V = 6^\circ\ 54'\ 47''$

Calcul de i.

Log. V......	= 4,39597		
Log. 180......	= 2,25527	Log. 3600....	= 3,55630
Log. 1er terme.	= 2,14070	Log. $\left(\frac{V}{180}\right)^2$.	= 4,28140
1er terme.	= 138s,26	Log. 2e terme..	= 0,72510
2e terme.	= 5,31		
i.....	= 143s,57		

Avec cette valeur, on trouve, Table V... logarithme du facteur

$$\frac{3600+i}{360} = 0,01699.$$

Le calcul s'achève comme il suit :

	Log. $\frac{3600+i}{3600}$	=	0,01699
h = 24°26′	Log. cos h....	=	9,95925
h' = 23.34′,5......	Co.log. cos h'..	=	0,03785
Δ = 106.44	Co.log. sin Δ..	=	0,01879
	Log. Facteur..	=	0,03288
1er fil. Dist. 64s,189 =	Log t........	=	1,80746 +
Distance du 1er fil....	Log T.......	=	1,84034 +
Distance du 1er fil.....T...........		=	69s,24
Passage observé au 1er fil...........		=	12h 20m8s,70
Passage à la moyenne..............		=	12.21.17,94

On trouverait de même pour la réduction des autres fils à la moyenne :

1er fil..................	12h21m17s,94
2e	21 18,05
4e	21 18,15
6e	21 17,60
Passage à la moyenne des fils. =	12 21 17,93

Détermination des erreurs instrumentales à l'aide des observations. Calcul de leur influence sur le temps des passages.

37. Si l'instrument a été rectifié parfaitement, si, en tournant autour de son axe de rotation, la lunette décrit le plan méridien, l'observateur pourra faire en très-peu de temps toutes les observations nécessaires pour déterminer la longitude de sa station. Il suffira d'observer les passages de la lune et de cinq ou six étoiles connues de position et peu éloignées de son parallèle. L'observation des étoiles donnera l'état absolu du chronomètre sur le temps sidéral ou moyen du lieu, ce qui permettra de calculer le temps de la culmination lunaire, et par suite la longitude géographique.

Mais ordinairement l'instrument ne reste pas dans la position où il a été fixé. Les variations de température, l'action des vis serrées avec plus ou moins de force, les chocs accidentels, occcasionnent de petits dérangements dont l'influence ne saurait être négligée, lorsqu'on veut obtenir toute l'exactitude que comporte l'instrument : l'observateur mettra donc tous ses soins à approcher le plus possible du méridien, il recherchera ensuite scrupuleusement les erreurs de son instrument, afin d'en déduire par le calcul les corrections qui devront être appliquées aux passages observés, pour les transformer en passages au méridien. La pratique ne tardera pas à lui apprendre, qu'un cercle méridien dont toutes les erreurs sont parfaitement déterminées, peut fournir d'aussi bons résultats que s'il satisfaisait exactement aux trois conditions connues.

Nous allons chercher maintenant les erreurs de l'instrument et calculer les corrections qui résultent respectivement d'une inclinaison de l'axe de rotation sur l'horizon, d'une erreur d'axe optique, ainsi que d'une déviation azimutale du plan vertical décrit par la lunette.

ERREUR D'INCLINAISON.

38. La lunette décrivant exactement le méridien, élevons l'extrémité Ouest de l'axe de rotation de manière que le nouveau plan décrit par la lunette soit incliné vers l'Est d'un petit angle y. Lorsqu'on observera le passage d'un astre par ce plan, l'angle horaire de l'astre, à cet instant, représentera la correction à faire au passage observé pour avoir le passage au méridien. Le triangle sphérique formé entre l'astre, le pôle élevé et le point sud ou nord de l'horizon, donnera la relation suivante entre l'angle horaire p qui est inconnu, la distance polaire Δ, la latitude du lieu l et l'inclinaison y :

$$\cot \Delta \sin l + \cos l \cos p = \sin p \cot y.$$

Comme les arcs y et p sont toujours assez petits pour être substitués à leurs sinus ou à leurs tangentes, on déduira de cette équation la valeur de p exprimée en secondes de temps :

$$p = y.\frac{\sin(l + \Delta)}{15 \sin \Delta} = y.\frac{\sin h}{15 \sin \Delta} \ldots (q)$$

h désignant la hauteur méridienne de l'astre.

On sait que l'inclinaison y s'obtient à l'aide du niveau ; mais si, par une raison quelconque, le niveau ne pouvait pas servir, on la déterminerait au moyen des observations astronomiques. En effet, puisque le plan que décrit la lunette coupe le méridien aux deux points Nord et Sud de l'horizon, les déviations provenant de l'inclinaison des deux plans sont égales et de signes contraires pour deux points situés à des distances égales, l'un au-dessus, l'autre au-dessous de l'horizon ; par conséquent, si on observe le passage d'une étoile, vue directement, aux premiers fils de la lunette, et le passage de la même étoile, vue par réflexion dans un bain de mercure, aux derniers fils, les passages conclus de ces deux observations seront affectés de l'erreur $\pm \frac{1}{15} y \frac{\sin h}{\sin \Delta}$

Ainsi, en nommant T et T' les passages observés, T' se rapportant à l'observation faite par réflexion, on aura :

$$y = 15 \frac{(T' - T)}{2} \frac{\sin \Delta}{\sin h}$$

Δ est négatif lorsque l'étoile observée est à son passage inférieur ; la règle des signes donne le signe de y qui représente l'inclinaison réelle de l'axe de rotation que les tourillons soient égaux ou inégaux.

On choisira de préférence les étoiles voisines du zénith pour déterminer y par ce procédé. L'exactitude sera très-grande sous les fortes latitudes, parce que les étoiles zénithales sont en même temps voisines du pôle.

ERREUR D'AXE OPTIQUE.

39. Les deux autres conditions étant satisfaites, admettons que l'axe optique ne soit pas perpendiculaire à l'axe de rotation : la lunette décrit alors un petit cercle parallèle au méridien, et l'angle horaire de l'astre, au moment de son passage par le plan de ce petit cercle, représente la correction qu'il faut appliquer à l'observation. En désignant par p cet angle horaire réduit en temps, par z l'inclinaison de l'axe optique sur le méridien et par Δ la distance polaire de l'astre, la correction p est donnée par la relation

$$\sin 15\, p = \frac{\sin z}{\sin \Delta}$$

ou simplement

$$p = \frac{z}{15 \sin \Delta} \ldots \text{(r)}$$

Elle doit être ajoutée au temps observé ou en être retranchée selon que le petit cercle décrit par la lunette se trouve à l'orient ou à l'occident du méridien.

On a vu qu'on peut déterminer l'erreur d'axe optique en retournant la lunette sur une mire éloignée, ou mieux encore sur un collimateur ; nous allons montrer que les temps du passage d'une étoile observée dans les positions directe et inverse de l'instrument conduisent également à une détermination très-exacte de cette erreur :

Soient t le temps du passage au méridien d'une étoile dont la distance polaire est Δ, T le temps observé du passage à la lunette dans la position actuelle et z l'erreur d'axe optique supposée orientale et positive dans cette même position, on a :

$$T = t - \frac{z}{15 \sin \Delta}$$

Si on renverse la lunette sur ses coussinets, l'erreur d'axe optique, dans cette seconde position, deviendra occidentale et négative et, en désignant par T' le temps de l'observation, on aura :

$$T' = t + \frac{z}{15 \sin \Delta}$$

On tire de ces deux équations :

$$\frac{1}{15} z = \frac{T' - T}{2} \sin \Delta \ldots \text{(r')}$$

Pour déterminer z, on choisira une étoile voisine du pôle, on observera son passage aux premiers fils dans une position de l'instrument et aux autres fils dans la position opposée. Ramenant ensuite chaque fil observé à la moyenne et prenant le milieu entre les observations faites dans la même position du cercle, on obtiendra les temps T et T' à l'aide desquels on calculera z. La règle des signes donnera le signe de l'erreur. Si l'expression précédente de z est positive, l'axe optique dévie vers l'Est dans la première position de l'instrument et vers l'Ouest dans la position opposée : ce serait l'inverse si la formule donnait pour z un nombre négatif.

Lorsque les tourillons ne sont pas d'égal diamètre, la formule précédente ne donne pas la véritable valeur de l'erreur d'axe optique, parce que l'inclinaison de l'axe de rotation n'est pas la même dans les deux positions du cercle : si on tient compte de cette variation, on trouvera que la déviation de l'axe optique relativement au plan méridien a pour expression,

$$\frac{1}{15}z = \frac{(T' - T)}{2}\sin\Delta \pm \frac{a}{15}\frac{\sin h}{\sin\varphi}\ldots (r'')$$

a désigne la moitié de l'angle au sommet du cône, φ la moitié de l'angle que font entre eux les plans des coussinets et h la hauteur méridienne de l'astre dont la distance polaire est Δ.

On prend le signe + lorsque, dans la première position de l'instrument, le petit tourillon est à l'*Ouest* et le signe — lorsqu'il est à l'*Est*.

Il importe de remarquer que les T et T' des formules (r') et (r'') désignent les temps des passages à la lunette dans les positions directe et inverse, et qu'ils doivent être employés sans aucune correction préalable.

L'erreur z d'axe optique déterminée par la formule (r') ou par la formule (r'') s'il y a lieu, donne, au moyen de la formule (r), la correction p du passage observé. Cette dernière formule convient également lorsque les tourillons sont inégaux, car on tient compte de toute l'influence de cette inégalité sur les observations, lorsqu'on fait usage des indications du niveau corrigées par la formule (m), p. 18.

Exemple d'une détermination de l'erreur d'axe optique à l'aide des observations astronomiques : Le 15 mai 1851, à Paris, avec l'instrument dont on a parlé plus haut, on a observé le *passage inférieur* de l'étoile (366 Bradley) Cassiopée, dans les deux positions du cercle méridien ; on a trouvé page 35 :

Petit tourillon à l'Ouest..	$T =$	$10^h44^m33^s,03$
Petit tourillon à l'Est.....	$T' =$	10 44 12 ,32
	$T' - T =$	— 20 ,71

On a d'ailleurs :

Distance polaire de l'étoile =	22° 50′
Hauteur méridienne...... =	154° 0′

Et de plus : $\varphi = 45^\circ$ et $a = 5''31$.

Détails du calcul.

$\frac{1}{2}(T' - T) = - 10^s,355$	Log = 1,01518 —	a	Log = 0,72522 +
15	Log = 1,17609 +	sin φ	Co-log = 0,15051 +
Sin Δ	Log = 9,58889 —	sin h	Log = 9,64184 +
1er Terme	Log = 1,78013 +	2e terme	Log = 0,51757 +
1er Terme =	+ 60″,27	2e terme	= + 3″,29

D'après cette observation, l'axe optique dévie vers l'*Est* de 63″,56 = 4s,24 en temps, quand le petit tourillon est à l'*Ouest*.

DÉVIATION AZIMUTALE.

40. Supposons maintenant que la lunette décrive un plan vertical faisant avec le méridien un petit angle x qui se compte positivement sur l'horizon, du sud vers l'est dans l'hémisphère nord, et du nord vers l'est dans l'hémisphère sud.

Si on considère un astre qui culmine dans la partie du ciel située au delà du zénith relativement au pôle élevé, le triangle sphérique formé entre le pôle, le zénith et l'astre donne la relation

$$\text{Cot}\,\Delta \cos l = \sin l \cos p + \sin p \cot (180 - x)$$

Comme p et x sont très-petits, on peut remplacer les lignes trigonométriques par les arcs, ce qui conduit à l'expression de la correction en azimut :

$$p = -x \frac{\cos(\Delta + l)}{15 \sin \Delta} = x \frac{\cos h}{15 \sin \Delta}$$

h étant la hauteur méridienne de l'astre.

La déviation horizontale x se détermine par l'observation des passages de deux étoiles connues de position. Soient t et t' les temps sidéraux de ces passages observés, p et p' les angles horaires correspondants, Æ l'ascension droite de l'étoile qui passe la première au méridien, Æ′ l'ascension droite de la seconde, on a, en comptant les p de la même manière que les x :

$$p = 24^h - (t - Æ) = x \frac{\cos h}{15 \sin \Delta}$$

$$p' = 24^h - (t' - Æ') = x \frac{\cos h'}{15 \sin \Delta'}$$

d'où l'on tire

$$\frac{1}{15} x = \frac{(Æ' - Æ) - (t' - t)}{\frac{\cos h'}{\sin \Delta'} - \frac{\cos h}{\sin \Delta}} \ldots (s)$$

Les intervalles $(t'-t)$ et $(Æ'-Æ)$ devront être exprimés en temps sidéral ou moyen, suivant l'espèce de temps que le calculateur aura choisi.

Si, au lieu d'observer deux étoiles différentes, on observait les passages supérieur et inférieur de la même étoile, la valeur précédente de x se changerait en celle-ci :

$$\frac{1}{15}x = \frac{(t'-t) - 12^{h} \text{ sidérales}}{2\cos l}. \operatorname{Tan}\Delta$$

l étant la latitude du lieu.

41. On obtient la déviation horizontale avec beaucoup d'exactitude, en choisissant deux étoiles circompolaires, passant l'une au méridien supérieur, l'autre au méridien inférieur, ou, à leur défaut, deux étoiles dont les distances polaires sont très-différentes.

Dans tous ces calculs, il faut se laisser guider par la règle des signes. Les $\sin\Delta$ deviennent négatifs lorsque les astres passent au méridien inférieur; Il en est de même des $\cos h$ lorsque l'astre culmine entre le zénith et le pôle élevé, ou lorsqu'il passe au méridien inférieur, parce que, dans ces deux cas, la hauteur méridienne est plus grande que 90°

Exemple. Le 15 mai 1851, à Paris, on a observé les passages de deux étoiles circompolaires (366 Bradley) Cassiopée (passage inférieur) et ζ petite ourse (passage supérieur) dont les positions le 15 mai 1851 sont :

	366 BRADLEY (passage inférieur).	ζ PETITE OURSE. (passage inférieur).
Ascension droite....	$Æ = 2^{h}32^{m}\ 1^{s}67$	$Æ' = 15^{h}49^{m}35^{s},02$
Distance polaire......	$\Delta = 22°\ 50'$	$\Delta' = 11°\ 45'$
Hauteur méridienne..	$h = 154.\ 0$	$h' = 119\ \ 25'$

Log sin h = 9 64184 +	Log sin h' = 9,94005 +
Log cos h = 9 95366 —	Log cos h' = 9,69122 —
Log sin Δ = 9 58889 —	Log sin Δ' = 9 30887 +

On a trouvé :

366 Bradley. P. I. — Passage observé à la lunette en temps du chronomètre, t. m. $\begin{cases} 10^{h}44^{m}33^{s},03 \text{ (cercle à l'}\textit{ouest}\text{).} \\ 10.44.12,32 \text{ (cercle à l'}\textit{est}\text{).} \end{cases}$

Inclinaison de l'axe de rotation.......... $\begin{cases} \frac{1}{15}y = -\frac{13'',6}{15} \text{ (cercle à l'}\textit{ouest}\text{).} \\ \frac{1}{15}y = -\frac{1''}{15} \text{ (cercle à l'}\textit{est}\text{).} \end{cases}$

ζ Petite ourse P. S. — Passage observé en temps du chronomètre, t. moy........ } $12^h1^m24^s,37$ (cercle à l'*ouest*).

Inclinaison de l'axe de rotation.......... $\frac{1}{15}\,y = -\frac{15'',56}{15}$ (cercle à l'*ouest*).

On s'est servi, pour ces observations, d'un chronomètre dont la marche diurne sur le temps moyen est de $+\,1^s,73$; l'erreur d'axe optique déterminée, comme il a été dit plus haut, est $z = \pm\,4^s,11$.

On prend le signe + lorsque le cercle est à l'*Ouest* et le signe — lorsqu'il est à l'*Est*.

On demande de calculer, à l'aide de ces observations et de ces données, la déviation azimutale de la lunette :

On commencera par corriger les temps observés des erreurs d'axe optique et d'inclinaison à l'aide des formules (r) et (q).

On aura :

	366 Bradley. P. I. (Cercle à l'*ouest*).	366 Bradley. P. I. (Cercle à l'*est*.)	ζ petite ourse P. S. (Cercle à l'*ouest*).
Passages observés..............	$10^h44^m33^s,03$	$10^h44^m12^s,32$	$12^h1^m24^s,37$
Erreur d'axe optique. $= \frac{z}{15 \sin \Delta}$	— 10 ,59	+ 10 ,59	+ 20 ,18
Erreur d'inclinaison.. $= \frac{y \sin h}{15 \sin \Delta}$	+ 1 ,02	+ 0 ,08	— 4 ,44
	10 44 23 ,46	10 44 22 ,99	
Temps corrigés......	$t = 10^h44^m23^s,22$ (moyenne)		$t' = 12$ 1 40 ,11

Avec ces temps corrigés, les ascensions droites, les hauteurs méridiennes et les distances polaires, on aura par la formule (s) la valeur de $\frac{1}{15}\,x$.

$(t' - t)$ Intervalle en temps au chronomètre...........	=	$1^h17^m16^s,89$
Mouvement du chronomètre pendant cet intervalle.......		— 0 ,09
$(t' - t)$ Intervalle de temps moyen....................		1 17 16 ,80
Temps sidéral du passage de 366 Bradley. P. I.........	$12^h + Æ = 12^h + 2^h32^m$	$1^s,67$
Temps sidéral ζ petite ourse P. S.....................	$Æ' =$	15 49 35 ,02
Intervalle de temps sidéral écoulé entre les passages.....		1 17 33 ,35
Réduction au t. moy. (Table VIII conn. des temps).......		— 12 ,71
Intervalle de temps moyen..........................	$(Æ' - Æ) =$	1 17 20 ,64

$(Æ' - Æ) - (t' - t) = + 3^s,84$ Log $= 0,58433 +$

$\frac{\cos h'}{\sin \Delta'} - \frac{\cos h}{\sin \Delta} = - 4,7280$ Log $= 0,67468 -$

Déviation azimutale. $\frac{1}{15}\, x$ Log $= 9,90965 -$

$$\frac{1}{15}\, x = - 0^s,812.$$

42. On voit, par ce qui précède, l'ordre dans lequel on doit opérér la réduction des observations lorsque les trois erreurs existent simultanément. La correction totale p, qu'on doit faire aux passages observés à l'instrument, se compose, dans ce cas, des corrections partielles dont nous avons donné les expressions, et on a

$$p = \frac{z}{15 \sin \Delta} + \frac{y \sin h}{15 \sin \Delta} + \frac{x \cos h}{15 \sin \Delta}$$

Après avoir déterminé les erreurs z et y, on calcule en premier lieu les corrections qui en résultent sur tous les passages observés; on procède ensuite à la recherche de la déviation azimutale à l'aide de quelques-uns de ces passages corrigés, et on applique enfin la correction qui en dépend. C'est ainsi qu'on obtient pour chaque astre observé l'heure que marque le chronomètre au moment de sa culmination. Comme on a soin de choisir des étoiles dont les positions se trouvent toutes calculées dans la *connaissance des temps* ou dans d'autres éphémérides, on connaît l'heure de leur passage au méridien et, par suite, l'état absolu du chronomètre sur le temps sidéral ou moyen à une époque déterminée.

Pour avoir l'instant précis du passage de la lune, on corrigera l'heure observée au chronomètre qui correspond à ce passage, au moyen de la marche diurne et de l'état absolu précédemment trouvés. Si le chronomètre suit le temps sidéral, l'heure corrigée de cette manière est précisément l'ascension droite du bord terminé; si le chronomètre marche sur le temps moyen, on obtiendra, ainsi, l'heure temps moyen du passage et, en convertissant cette heure en temps sidéral, on aura l'ascension droite du bord de la lune.

REMARQUES SUR LES OBSERVATIONS DES PASSAGES AU MÉRIDIEN DE LA LUNE ET DES ÉTOILES.

43. Avant de commencer une série d'observations au cercle méridien, il est indispensable de prendre certaines dispositions, afin de n'avoir à s'occuper que des observations elles-mêmes lorsqu'on se trouvera auprès de l'instrument. On calculera d'abord à la minute l'heure du passage de la lune, on arrêtera ensuite la liste des étoiles qui passent au méridien vers la même époque : les unes seront surtout destinées à faire connaître les erreurs de l'instrument, on les choisira dans la région du pôle élevé en gardant de préférence, pour la détermination de la déviation horizontale, celles dont les mouvements propres en ascension droite sont les plus faibles ; les autres devront donner l'état absolu du chronomètre et par suite l'ascension droite de la lune. Les étoiles fondamentales dont les positions sont calculées de dix en dix jours dans la connaissance des temps, se prêtent très-bien à cette détermination, et il convient d'observer principalement celles qui ne sont pas trop éloignées de la lune en déclinaison, parce qu'alors les erreurs de l'instrument ont presque la même influence sur les temps des passages, et que les différences observées, ainsi que l'ascension droite de la lune qui s'en déduit, sont presque indépendantes de la position de l'instrument. Cette considération a paru tellement importante, qu'il existe des éphémérides, le *Nautical almanac* entre autres, qui donnent, pour chaque jour de l'année, la position de certaines étoiles dites de *culmination lunaire*. La lune se trouvant ainsi rapportée aux mêmes points du ciel dans les divers observatoires, les comparaisons entre les observations d'un même jour ne sont pas affectées des petites erreurs qui peuvent encore exister sur la position des étoiles. Mais ces erreurs sont aujourd'hui bien minimes, et l'on obtiendra toute l'exactitude désirable, en observant quelques étoiles brillantes situées à peu près sur le parallèle de la lune et qui serviraient plus spécialement à donner l'état absolu du chronomètre, si les erreurs de l'instrument n'étaient pas bien connues : on aura soin seulement de prendre la hauteur de ces étoiles au moment du passage, afin de les retrouver plus tard dans les catalogues, et de pouvoir calculer leur position apparente pour le jour de l'observation.

Lorsque la lune entrera dans le champ de la lunette, l'observateur s'assurera si les bords et les taches se voient distinctement, et il fera varier la position de l'oculaire jusqu'à ce qu'il en soit ainsi. Cette parfaite visibilité des images est très-importante à obtenir, et quand même la nouvelle position de l'oculaire qui la donne ferait perdre aux fils un peu de leur netteté, il faudrait cependant la conserver plutôt que de s'exposer à introduire une erreur constante causée par une augmentation du diamètre de la lune.

Indépendamment d'une bonne montre marine battant la demi-seconde, et destinée aux observations des passages à l'instrument, l'observateur aura besoin d'une montre ordinaire indiquant l'heure à la minute. Il la mettra sur le temps sidéral du lieu avant de commencer sa série d'observations, et elle lui donnera à chaque instant la distance au méridien des étoiles qu'il aura choisies, ainsi que le moment où il faudra arrêter la lunette sur le cercle des hauteurs afin de la diriger vers l'astre quelques instants avant son entrée dans le champ. A défaut de cette montre, on serait obligé de calculer d'avance pour chaque étoile l'heure du chronomètre correspondant à l'époque de la culmination.

DISCUSSION D'UNE SÉRIE D'OBSERVATIONS FAITES POUR DÉTERMINER L'ASCENSION DROITE DE LA LUNE.

44. J'ai fait à Paris, avec le cercle méridien portatif dont il a déjà été question, une série d'observations dans le but de déterminer l'ascension droite de la lune. Je vais les rapporter ici, ainsi que les principaux détails de la discussion : en répétant tous les calculs auxquels elle a donné lieu, on comprendra mieux la marche qu'il convient de suivre.

Je me suis servi pour faire ces observations d'un chronomètre temps moyen, battant la demi-seconde, dont la marche diurne était de + $1^s,73$.

Le 15 mai 1851, à Paris, la lune passait au méridien vers $12^h\ 36^m$ et son ascension droite était de $16^h\ 8^m$ environ. On a réuni, dans le tableau suivant, les positions apparentes d'un certain nombre d'étoiles passant au méridien vers la même époque de la nuit; on y a joint les coefficients des trois corrections.

1er TABLEAU. (*Calculs.*)

N°	DÉSIGNATION de l'astre.	ASC. DROITE, apparente le 15 mai 1851. Æ	DISTANCE au pôle Nord. Δ	HAUTEUR méridienne. h	LOGARITHMES DE $\frac{1}{\sin\Delta}$	$\frac{\sin h}{\sin\Delta}$	$\frac{\cos h}{\sin\Delta}$
		h. m. s.					
1	4 Petite ourse	14 9 35,11	11° 45′	119° 25′	0,69113+	0,63118+	0,38235−
2	366 Bradley PI	2 32 1,67	22 50	154 0	0,41111−	0,05295−	0,36477+
3	β Petite ourse.	14 51 15,80	15 14	115 56	0,58046+	0,53437+	0,22126−
4	α Couronne . .	15 28 24,24	62 47	68 23	0,05096+	0,01929+	9,61727+
5	α Serpent. . . .	15 36 57,27	83 6	48 4	0,00316+	9,87469+	9,82811+
6	θ Balance. . . .	15 45 22,59	106 17	24 53	0,01778+	9,64183+	9,97547+
7	ζ Petite ourse.	15 49 35,02	11 45	119 25	0,69113+	0,63118+	0,38235−
8	β′ Scorpion . . .	15 56 48,35	109 24	21 46	0,02539+	9,59456+	9,99327+
9	☾ 2 Bord . . .	16 8	107 36	23 34	0,02082+	9,62297+	9,98294+
10	φ Ophincus . .	16 22 38,63	106 17	24 53	0,01778+	9,64183+	9,97547+
11	2114 Bradley.	16 32 59,20	107 27	23 43	0,02046+	9,62492+	9,98214+

45. Les passages des astres à la lunette, c'est-à-dire la moyenne arithmétique des passages observés aux sept fils horaires, les indications du niveau prises aussi fréquemment que possible, ainsi que les inclinaisons de l'axe de rotation qui s'en déduisent à l'aide de la formule (m) page 18, sont inscrits dans ce deuxième tableau.

2e Tableau. (*Observations.*)

N°	DÉSIGNATION de l'astre.	POSITION du cercle.	HEURE du passage à la moyenne des fils en temps du chronom.	INDICATION du niveau. $\frac{1}{4}\left(\overline{(o+o')}-\overline{(e+e')}\right) = N$	INCLINAISON de l'axe de rotation. $N+\frac{a}{\sin\theta}$
			h. m. s.		
1	4 Petite ourse.........	C.E	10 22 15,60	+ 4",8	— 1",4
1	4 Petite ourse.........	C.O	10 21 41,43	—20, 1	—13, 9
2	366 Bradley...........	C.O	10 44 33,03	—19, 8	—13, 7
2	366 Bradley P. I.......	C.E	10 44 12,32	+ 5, 5	— 0, 6
3	β Petite ourse..........	C.O	11 3 17,91	—19, 4	—13, 3
4	α Couronne...........	C.O	11 40 31,53	—21, 9	—15, 7
5	α Serpent.............	C.O	11 49 3,47	—21, 9	—15, 7
6	θ Balance.............	C.O	11 57 26,87	—22, 0	—15, 9
7	ζ Petite ourse.........	C.O	12 1 24,37	»	»
8	β' Scorpion...........	C.O	12 8 50,74	»	»
9	☾ 2 Bord......	C.O	12 21 17,84	—21, 8	—15, 7
10	φ Ophiucus...........	C.O	12 34 36,69	—21, 3	—15, 2
11	2114 Bradley..........	C.O	12 44 55,57	»	»

46. Les circompolaires n°s 1 et 2, sur lesquelles la lunette a été retournée, ont servi à trouver l'erreur d'axe optique par la formule (r″). Elles ont donné en moyenne pour valeur de cette erreur : $\varkappa = \pm 4^s,11$. Le signe + est relatif à la position *Ouest* du cercle méridien et le signe — à la position *Est*.

Ces mêmes étoiles, ainsi que les circompolaires n°s 3 et 7, combinées avec quelques étoiles qui culminent à une faible hauteur, ont fait connaître par la formule (s) l'erreur de déviation azimutale, après avoir été préalablement corrigées des erreurs d'axe optique et d'inclinaison par les formules (r) et (q).

On a trouvé :

	DÉVIATION HORIZONTALE.
1° Par 366 Bradley P I et ζ petite ourse...............	— 0[s],812
2° Par β petite ourse et β' scorpion....................	— 0 ,858
3° Par 4 petite ourse et θ balance......................	— 0 ,709
$\frac{1}{15}$ x (moyenne)............................	— 0[s],793

47. Les trois erreurs étant connues, on a calculé les corrections relatives à chaque passage observé (colonnes 4, 5 et 6 du troisième tableau) et partant les heures des passages au méridien en temps du chronomètre (7e colonne) ; ces derniers nombres ont donné, par comparaison avec les temps moyens calculés des passages au méridien du lieu (8e colonne), les états absolus du chronomètre qui sont rapportés dans la 9e colonne.

3e Tableau. (*Réduction.*)

N°	Position du cercle.	HEURE du passage à la moyenne des fils en temps du chronom.	$\frac{z}{15 \sin \Delta}$	$\frac{y \sin h}{15 \sin \Delta}$	$\frac{x \cos h}{15 \sin \Delta}$	HEURE du passage au méridien en temps du chronom.	TEMPS MOYEN du passage au méridien.	ÉTAT ABSOLU du chronomètre sur le T. moy.
		h. m. s.	s.	s.	s.	h. m. s.	h. m. s.	m. s.
1	C.E	10 22 15,60	—20,18	—0,28	+1,95	10 21 57,09	10 37 23,86	—15 25,47
1	C.O	21 41,43	+20,18	—3,87	+1,95	21 59,69		
2	C.O	44 33,03	—10,59	+1,02	—1,87	44 21,59	10 59 46,74	25,38
2	C.E	44 12,32	+10,59	+0,08	—1,87	44 21,12		
3	C.O	11 3 17,91	+15,64	—3,10	+1,34	11 3 31,79	11 18 57,73	25,94
4	C.O	40 31,53	+ 4,62	—1,08	—0,33	40 34,74	11 56 0,08	25,34
5	C.O	49 3,47	+ 4,14	—0,78	—0,54	49 6,29	12 4 31,71	25,42
6	C.O	57 26,87	+ 4,28	—0,45	—0,76	57 29,94	12 55,65	25,71
7	C.O	12 1 24,37	+20,18	—4,44	+1,95	12 1 42,06	12 17 7,40	25,34
8	C.O	8 50,74	+ 4,36	—0,41	—0,79	8 53,90	24 19,54	25,64
9	C.O	21 17,84	+ 4,31	—0,44	—0,78	21 20,93	....	....
10	C.O	34 36,69	+ 4,28	—0,45	—0,76	34 39,76	50 5,59	25,83
11	C.O	44 55,57	+ 4,31	—0,44	—0,77	44 58,67	13 0 24,46	25,79

48. En prenant le milieu entre les temps moyens des observations 4, 5, 6, 8, 10 et 11, les seules qui peuvent servir à déterminer l'heure, on trouve **12^{h}24^{m}42^s,84** ; la moyenne des états absolus correspondants est de **15^{m}25^s,62** ; ainsi à **12^{h}24^{m}42^s,84**, temps moyen de Paris, le chronomètre retarde de **15^{m}25^s,62.**

La lune passant environ $12^m 4^s$ après l'époque moyenne $12^h 24^m 42^s,84$, il faut ajouter $0^s 01$ à l'état absolu précédent pour le ramener à l'instant de la culmination lunaire, on aura par conséquent :

Passage observé de la lune au méridien en temps du chronomètre	12^h	21^m	$20^s 93$
Etat absolu du chronomètre au moment de la culmination	+	15	25,63
Temps moyen du passage de la lune au méridien	12	36	46,56
Temps sidéral à midi moyen du lieu le 15 mars 1851	3	30	26,54
Réduction au temps sidéral (table IX, Conn. des temps)	+	2	4,32
Temps sidéral du passage ou Æ☾, 2me bord	16	9	17,42
L'astronome qui observait le même jour à la lunette méridienne de l'Observatoire dont la distance focale est de deux mètres, a trouvé Æ☾, 2me bord	16	9	17,28

Cette différence de $0^s,14$ entre deux ascensions droites, observées dans le même lieu et qui devraient s'accorder rigoureusement, correspond le 15 mai 1851 à une différence de longitude de $3^s,51$ en temps; telle est l'erreur qu'on aurait commise sur la longitude, si notre observation avait été faite dans un autre lieu dont on aurait voulu déterminer la position par rapport à Paris.

DÉTERMINATION DE LA LATITUDE.

49. Nous avons montré (11) comment on doit mesurer la distance zénithale d'un astre. On sait d'ailleurs que la latitude se déduit de la distance zénithale méridienne et de la déclinaison par la formule

$$l = z + D$$

qui s'applique à tous les cas, si on établit les conventions suivantes;

1° La déclinaison est positive lorsqu'elle est de même dénomination que le pôle élevé, et négative lorsqu'elle est de dénomination contraire;

2° Les distances zénithales se prennent avec le signe + lorsque l'astre, au moment de son passage au méridien, est situé au delà du zénith, par rapport au pôle élevé, et avec le signe — lorsque l'astre culmine dans la portion du méridien située du côté du pôle;

3° Pour les passages inférieurs, la quantité D représente, dans la formule, non pas la déclinaison de l'astre, mais son supplément à 180°.

On obtiendra autant de déterminations de la latitude qu'on aura pris de distances zénithales d'étoiles; comme celles qui sont à plus de 20° du pôle, restent peu de temps dans le champ de la lunette, il n'est pas toujours possible de retourner l'instrument pour observer la distance zénithale pendant la durée de leur passage : on se bornera alors à prendre quelques hauteurs méridiennes dans une seule et même position du cercle, sauf à déterminer, au commencement et à la fin de chaque série, l'erreur de collimation par retournement sur un objet terrestre. Cette collimation sera la correction constante qu'il faudra appliquer à toutes les hauteurs observées pour les transformer en hauteurs apparentes.

Si on a choisi une étoile voisine du pôle, on augmentera l'exactitude du résultat, en ne retournant qu'une seule fois l'instrument au moment du passage au méridien et en faisant de chaque côté de ce plan, dans les positions directe et inverse, une dizaine d'observations : comme pour chacune d'elles, on note l'heure du chronomètre, on peut calculer l'angle horaire correspondant, et ramener séparément chaque lecture sur le cercle à ce qu'elle aurait été si l'étoile se fût trouvée au méridien même. On prendra ensuite la moyenne des résultats obtenus dans chacune des positions du cercle, et on aura deux nombres L, L′ dont l'exactitude, toutes choses égales d'ailleurs, sera d'autant plus grande que les pointés auront été plus nombreux. La demi-différence $\frac{L'-L}{2}$ donnera la distance zénithale apparente de l'astre que l'on corrigera de la réfraction en ayant égard aux indications du thermomètre et du baromètre. C'est cette distance qu'on emploiera dans le calcul de la latitude.

Quant aux corrections qui doivent être appliquées aux lectures sur le cercle correspondantes aux observations faites hors du méridien, elles se calculeront par la formule

$$x=56{,}25 \sin 1''.p^2 \sin 2\Delta$$

dans laquelle Δ représente la distance polaire de l'étoile, et p son angle horaire au moment de l'observation, exprimé en secondes de temps sidéral.

50. Exemple : Le 20 mai 1851, à Paris, on a observé la distance zénithale de ζ petite ourse pendant son passage supérieur au méridien, dans le but de déterminer la latitude; on a obtenu les nombres inscrits dans le tableau suivant :

	POSITION DIRECTE (cercle à l'ouest).			POSITION INVERSE (cercle à l'Est).	
N°	TEMPS du chronomètre (T. moy.).	MOYENNE des lectures aux deux verniers.	N°	TEMPS du chronomètre (T. moy.)	MOYENNE des lectures aux deux verniers.
	h. m. s.			h. m. s.	
1	11 35 35	119° 24′ 35″	1	11 44 42	60° 35′ 35″
2	37 5	24 30	2	46 30	35 20
3	38 22	24 30	3	47 30	35 25
4	39 44	24 25	4	48 30	35 25
5	41 2	24 20			

Baromètre.................... mill. 761.20
Thermomètre extérieur........... 8°2

On sait de plus que le 20 mai à midi, temps moyen de Paris, le chronomètre marquait $23^h\ 44^m\ 44^s,2$ et que sa marche diurne était de $+\ 2^s,4$;

On demande la latitude.

On trouve dans les catalogues la position de ζ petite ourse. On a, tout calcul fait :

Le 20 mai 1851........ ascension droite = $15^h\ 49^m\ 35^s,02$
déclinaison = $+\ 78°\ 15'\ 5'',3$

On cherchera d'abord l'heure que marquait le chronomètre au moment de la culmination de l'étoile : en retranchant cette heure des temps lus au chronomètre, on obtiendra les angles horaires de l'étoile correspondant à chaque observation, on réduira ces angles horaires en temps sidéral, et on calculera par la formule précédente les corrections x qu'il convient d'appliquer aux lectures des verniers.

Voici les détails de ce calcul pour la première observation faite dans la position directe.

Ascension droite de ζ petite ourse......................	$15^h\ 49^m\ 35^s,02$
Temps sidéral à midi moyen le 20 mai.............	3 50 9,32
Intervalle de temps sidéral écoulé depuis midi jusqu'à l'instant du passage................................	11 59 25,70
Réduction au temps moyen, table VIII (C. D. T.).......	— 1 57,86
Temps moyen de la culmination de ζ petite ourse.......	11 57 27,84

Temps moyen de la culmination de ζ petite ourse.......	11h 57m 27s,84
Mouvement du chronomètre en 11h 57m 28s...........	+ 1,20
Heure du chronomètre à midi moyen................	23 44 44,20
Heure du chronomètre à l'instant de la culmination.....	11 42 13,24
Temps du chronomètre, 1re observation C.O..........	11 35 35
Angle horaire de l'étoile en temps du chronomètre......	6 38,24
Mouvement du chronomètre dans l'intervalle et réduction au temps sidéral (Table IX, Conn. d. temps)............	+ 1,10
Angle horaire en temps sidéral p....................	6 39,34

Calcul de la correction x.

$2\Delta = 23^\circ\ 30'$	Log sin 2 Δ	= 9,60070
$56,25 \sin 1''$	Log constant	= 6,43569
$p = 399^s,24$	Log p^2	= 5,20268
	Log x	= 1,23907
	$x =$	— 17″,3
Lecture au cercle............		119° 24′ 35″,0
Lecture corrigée............		119 24 17 ,7

C'est ainsi qu'ont été calculés les nombres rapportés dans le tableau suivant :

	POSITION DIRECTE					POSITION INVERSE.			
	ANGLE horaire de l'étoile p	CORRECTION x	MOYENNE des deux verniers.	LECTURES corrigées.	N°	ANGLE horaire de l'étoile p	CORRECTION. x	MOYENNE des deux verniers.	LECTURES corrigées.
1	s. 399 ,33	—17″,3	119° 24′ 35″	119° 24′ 17″,7	1	149s,17	+ 2″,4	60° 35′ 35	60° 35′ 37″,4
2	309 ,09	—10 ,4	24 30	24 19 ,6	2	257 ,46	+ 7 ,2	35 20	35 27 ,2
3	231 ,88	— 5 ,8	24 30	24 24 ,2	3	317 ,63	+11 ,0	35 25	35 36 ,0
4	149 ,65	— 2 ,4	24 25	24 22 ,6	4	377 ,79	+15 ,5	35 25	35 40 ,5
5	71 ,44	— 0 ,5	24 20	24 19 ,5					
Moyenne des lectures corrigées L =...............				119 24 20 ,7	.... L′=				60 35 35 ,2

Calcul de la latitude.

(Position directe) moy. des lectures..	$L =$	119°	24′	20″,7
(Position inverse) moy. des lectures.	$L' =$	60.	35.	35 ,2
Demi-différence des moyennes ou distance zénithale apparente	$\frac{1}{2}(L'-L) =$	— 29°.	24.	22 ,7
Réfraction				—33 ,1
Distance zénithale vraie..........	$z =$	— 29.	24.	55 ,9
Déclinaison de ζ petite ourse......	$D =$	+ 78.	15.	5 ,3
Latitude de la station.............	$z + D =$	48.	50.	9 ,4
Latitude adoptée pour le même point.	$l =$	48	50	11.
Différence				2

Détermination de la longitude géographique, au moyen de l'heure sidérale du passage de la lune au méridien.

51. Considérons d'abord le cas où l'on a observé la lune sous deux méridiens faisant entre eux un angle l, et désignons par α et α' les temps sidéraux des passages de l'un des bords de la lune à ces méridiens ; α' étant supposé plus grand que α, c'est-à-dire la première station se trouvant à l'Est de la seconde : si nous admettons que la lune passe au premier méridien en même temps qu'une étoile, après un intervalle l de temps sidéral, l'étoile se trouvera au second méridien ; mais la lune, à cause de son mouvement en ascension droite dirigé en sens contraire du mouvement diurne, n'y sera pas encore, et elle n'y arrivera qu'après un laps de temp $(\alpha'-\alpha)$, qui est précisément égal à son mouvement en ascension droite dans l'intervalle sidéral $l + (\alpha'-\alpha)$ qui sépare les époques des deux culminations lunaires. Toute la difficulté du problème des longitudes géographiques consiste à déduire du mouvement observé $(\alpha'-\alpha)$ l'intervalle sidéral qui lui correspond, et par suite la différence des longitudes des deux méridiens ; on y parvient de la manière suivante :

Si on représente par l' la valeur approchée de la différence l des longitudes, et par $l' + x$ sa véritable valeur, $l' + x + (\alpha' - \alpha)$ exprimera le temps sidéral écoulé entre les deux passages, et le mouvement du centre de la lune en ascension droite durant cet intervalle sera

$$\Delta\alpha = \left(\alpha' \pm \frac{1}{15}\frac{\delta'}{\cos D'}\right) - \left(\alpha \pm \frac{1}{15}\frac{\delta}{\cos D}\right) = (\alpha' - \alpha) \pm \rho$$

en désignant par ρ l'expression $\frac{1}{15}\left(\frac{\delta'}{\cos D'}-\frac{\delta}{\cos D}\right)$, dans laquelle δ, δ'; D, D' expriment respectivement les diamètres et les déclinaisons de la lune aux époques des deux culminations.

Supposons connue la longitude de la première station, et nommons t le temps moyen de Paris correspondant au temps sidéral α; désignons, en outre, par $\Delta\, t$ la valeur en temps moyen de l'intervalle de temps sidéral $l' + (\alpha' - \alpha)$. Si on calcule, d'après la Connaissance des temps, les ascensions droites Æ ☾, Æ' ☾ de la lune qui correspondent aux deux époques t et $t + \Delta\, t = t'$, la différence (Æ' ☾ — Æ ☾) $=\Delta$Æ sera le mouvement de la lune en ascension droite pendant le laps de temps moyen $t' - t$ égal à l'intervalle de temps sidéral $l' + (\alpha' - \alpha)$, et on devra avoir sensiblement :

$$\frac{\Delta\,\alpha}{\Delta\,Æ}=\frac{l' + (\alpha' - \alpha)+x}{l' + (\alpha' - \alpha)};$$

D'où l'on tire : $x = \left(l' + (\alpha' - \alpha)\right)\frac{\Delta\,\alpha - \Delta\,Æ}{\Delta\,Æ}$.

On aura donc :

différence de longitude entre les deux stations $l = l' + \frac{\Delta\,\alpha - \Delta\,Æ}{\Delta\,Æ}\left(l' + (\alpha' - \alpha)\right)$.

Si, l' différence supposée entre les longitudes, était par trop éloignée de la valeur véritable, la correction x ne serait pas tout à fait exacte, et il faudrait recommencer une partie du calcul en partant de la valeur corrigée $(l' + x)$. Mais dans l'état actuel de nos connaissances géographiques, il est bien rare qu'on ne connaisse pas la longitude d'une station à un tiers de degré près, et cette grossière approximation suffit le plus souvent pour que le calcul réussisse à la première opération.

Pour appliquer convenablement la correction ρ qui tient compte du changement de distance de la lune à la terre pendant le temps $l' + x + (\alpha' - \alpha)$, on devra affecter le demi-diamètre lunaire du signe + lorsqu'on aura observé le passage du bord occidental, et du signe — lorsqu'on aura observé le bord oriental.

Il faut remarquer de plus que $l' + x$ ne représente la différence de longitude entre les deux stations qu'autant que les culminations lunaires auront été observées le même jour, et qu'en général $l' + (\alpha' - \alpha) + x$ désigne le temps sidéral écoulé entre les deux observations, ou l'arc dont la terre a tourné dans cet intervalle.

Nous allons développer sur plusieurs exemples cette méthode de calcul.

52. 1er Ex. : — *Le* 19 *octobre* 1839 *on a observé à* PARIS *et à* WASHINGTON *le passage du premier bord de la lune au méridien, et on en a conclu l'ascension droite de ce bord :*

A Paris.....................	$\alpha = 23^h 10^m 24^s,85$
A Washington................	$\alpha = 23\ 22\ \ 2,84$
	$\alpha' - \alpha = 0\ 11\ 37,99$

On demande la longitude de WASHINGTON *par rapport à* PARIS.

Supposons la longitude de Washington de $5^h 19^m 0^s = l'$, et cherchons, conformément à ce qui vient d'être dit, la correction x qu'il faut appliquer à cette valeur pour avoir la longitude véritable.

1° Calcul des temps moyens de PARIS, t et .... t'

Æ ☾, 1er bord observée à Paris.	$\alpha = 23^h 10^m 24^s,85$	$\alpha' - \alpha =$	$0^h 11^m 37^s,99$
T. sid. à 0h t. m. de PARIS, le 19 oct.	13 49 4,86	Longitude supposée. $l' =$	5 19
T. sid. écoulé depuis midi......	9 21 19,99	$l' + (\alpha' - \alpha) =$	5 30 37,99
Correct. tab. VIII, conn. d. temps.	—1 31,96	Tab. VIII, conn. d. temps.	— 54,16
T. moy. du passage à Paris le 19 octobre............... $t =$	9 19 48,03	$\Delta t =$	5 29 43,83
		t	9 19 48,03
T. moyen de Paris présumé du passage de la lune à Washington.....		$t' =$	14 49 31,86

2° Calcul de la correction $\rho = \frac{1}{15}\left(\frac{\delta'}{\cos D'} - \frac{\delta}{\cos D}\right)$ et des ascensions droites de la lune.

Avec les deux époques t et t' on trouve, d'après la Connaissance des temps, en tenant compte des différences, 1re, 2e, 3e et 4e pour le calcul des ascensions droites,

PARIS.		WASHINGTON.	
$\delta = 16'\,14'',7$	$\log \delta = 2,98887$	$\delta' = 16'\,17'',9$	$\log \delta' = 2,99029$
$D = 5°\ 2'\ A$	co-log cos $D = 0,00168$	$D' = 16°\,29' A$	co-log cos $D' = 0,00080$
	co-log 15 = 8,82391		co-log 15 = 8,82391
	1,81446		1,81500
	$\frac{1}{15}\frac{\delta}{\cos D} = 65^s,23$		$\frac{1}{15}\frac{\delta'}{\cos D'} = 65^s,31$
			$\frac{1}{15}\frac{\delta}{\cos D} = 65,23$
			$\rho = + 0,08$

PARIS............	$Æ\,☾ = 347°52'31'',85$
WASHINGTON........	$Æ\,☾ = 350\ 47\ 55\ ,92$

$$Æ' - Æ = \Delta Æ = 2°55'\,24'',07$$
$$\Delta Æ \text{ (en temps)} = 0^h11^m41^s,61$$

3° Calcul de la correction x

$$\alpha' - \alpha = 0^h11^m37^s99$$
$$\rho = +\ 0,08$$

$$x = (l' + \alpha' - \alpha)\,\frac{\Delta\alpha - \Delta Æ}{\Delta Æ}$$

$$\Delta\alpha = 0\ 11\ \ 38\ 07$$
$$\Delta Æ = 0\ 11\ \ 41\ 61$$

$$\Delta\alpha - \Delta Æ = -3,54$$
$$\text{Log} - 3^s,54 = 0,54900-$$
$$\text{Co-log}\ \Delta Æ = 7,15390$$
$$\text{Log}\ (l' + \alpha' - \alpha) = 4,29750$$

$$\text{Log}\ x = 2,00040-$$
$$x = -0\ \ 1^m40^s$$
$$l' = 5\ 19$$

Longitude ouest de Washington..................	l =	5 17 20
Les astronomes de Washington fixent la longitude de l'observatoire à..		5 17 26
Différence.......		6ˢ

53. 2ᵉ EXEMPLE : — *Le* 19 *octobre* 1839 *on a observé l'ascension droite du premier bord de la lune à* KREMSMUNSTER *et à* WASHINGTON, *on a trouvé :*

A Kremsmunster, $\alpha = 23^h8^m41^s03$, *et à Washington*, $\alpha' = 23^h22^m2^s84$.
D'où ; $\alpha' - \alpha = 0^h13^m21^s,81$.

On demande la longitude de KREMSMUNSTER, *comptée du méridien de Paris, en partant de la longitude connue de* WASHINGTON, $5^h17^m26^s$ *à l'ouest du même méridien.*

Supposons que Kremsmunster soit à 0^h45^m à l'*Est* de Paris, et cherchons la correction qu'il faut appliquer à cette valeur de la longitude ou plutôt à la différence $6^h2^m26^s = l'$ entre Washington et Kremsmunster.

1° Calcul des temps moyens de Paris t' et .... t

Æ observée à Washington......	$\alpha' = 23^h22^m\ 2^s,84$		
Temps sidéral à midi moyen de Washington (1)............	13 49 57 ,00		
	9 32 5 ,84	$\alpha' - \alpha =$	$0^h13^m21^s,81$
Table VIII, Conn. des t..........	— 1 33 ,73	$l' =$	6 2 26
Temps moyen de Washington....	9 30 32 ,11	$l' + (\alpha' - \alpha) =$	6 15 47 ,81
Longitude de Washington.......	5 17 26	Tab. VIII........=	— 1 1 ,57
T. m. de Paris de la culmination lunaire à Washington........	$t' =$ 14 47 58 ,11	$\Delta t =$	6 14 46 ,24
		$t' =$	14 47 58 ,11
T. m. de Paris présumé de la culmination à Kremsmunster.....		$t =$	8 33 11 ,87

2° Calcul de la correction $\rho = \frac{1}{15}\left(\frac{\delta'}{\cos D'} - \frac{\delta}{\cos D}\right)$

Avec les époques t et t' on trouve dans la *Connaissance des temps*,

Pour Kremsmunster.		Pour Washington.	
$\delta = 16'14'',2$	$\log = 2,98865$	$\delta' = 16'17'',9$	$\log \delta' = 2,99029$
$D = 5°\,16'\,A$	co-log $\cos D = 0,00185$	$D' = 3°\,30'$	co-log $\cos D' = 0,00081$
	co-log $15 = 8,82391$		co-log $15 = 8,82391$
	1,81440		1,81501
	$\frac{\delta}{15 \cos D} = +65^s,223$		$\frac{\delta'}{15 \cos D} = 65,315$

D'où $\rho = +0^s,09$

Æ $= 347°\,27'\,46'',53$ Æ$' = 350°\,47'\,5'',32$

Δ Æ $= 3°\,19'18'',79 = 0^h13^m17^s,25$

3° Calcul de x.

$\alpha' - \alpha = 0^h13^m21^s,81$
$\rho = +\ 0,09$
$\Delta\alpha = 0\ 13\ 21,90$
ΔÆ$= 0\ 13\ 17,25$
$\Delta\alpha - \Delta$ Æ $= +4^s,65$

(1) Voir, à la fin de la connaissance des temps, l'explication et l'usage des éphémérides à l'article : temps sidéral à midi moyen.

$$\text{Log}(\Delta\alpha - \Delta Æ) = 0{,}66745 +$$
$$\text{Log}(l' + \alpha' - \alpha) = 4{,}35310$$
$$\text{Co-log}\,\Delta Æ = 7{,}09841$$
$$\text{Log}\,x\ \ 2{,}11896 +$$
$$x = +131^s{,}51$$

$l' =$	6h 2m 26s
$x =$	+ 2 11,51 +
Différence de longitude entre Kremsmunster et Washington...	6 4 37,51
Longitude de Washington à l'Ouest de Paris..............	5 17 26
Longitude de Kremsmunter............................	0 47 11,51
Longitude adoptée généralement.........................	0 47 10 ,8

54. 3e EXEMPLE : — *Le 21 juillet 1850, à Brest, on a observé le passage de la lune au méridien avec un cercle méridien portatif.*

On a trouvé : asc. droit. ☾, 1er *bord*................ α = 18h15m15s,25

Le 22 juillet 1850, à PARIS, *on avait : asc. droit.* ☾, 1er *bord*. α' = 19 6 38 ,46

D'où $\alpha' - \alpha$....... = 0 51 23 ,21

On demande la longitude de BREST. *Longitude supposée,* l' = 0h26m Ouest.

1° Calcul des temps moyens de Paris t' et.............. t

Asc. observée à Paris le 22 juillet...	19h 6m38s,46	(1)24 — l' =	23h34m
T. sid. à midi moyen à Paris........	7 59 29 ,90	$\alpha' - \alpha$ =	0 51 23s,21
Temps sidéral écoulé..............	11 7 8 ,56	$(24 - l') + (\alpha' - \alpha)$ =	24 25 23 ,21
Tab. VIII.........................	— 1 49 ,30	Tab. VIII	— 4 0 ,07
T. moy. de la culmination à Paris, le 22 juillet................ t' =	11 5 19 ,26	Δt = —	24 21 23 ,14
		t'	11 5 19 ,26

T. moy. de Paris supposé pour la culmination à Brest, le 21 juillet.... t = 10 43 56 ,12

(1) L'observation de BREST ayant précédé celle de Paris, il est évident que l'intervalle de temps sidéral écoulé entre les deux culminations est $(24 - l') + (\alpha' - \alpha)$.

2° Calcul de la correction $\rho = -\frac{1}{15}\left(\frac{\delta'}{\cos D'} - \frac{\delta}{\cos D}\right)$

Avec les époques t et t' on trouve dans la connaissance des temps :

	Pour Paris.	Pour Brest.
Diamètre de la lune...	$\delta' = 14'43'',0$	$\delta = 14'46''$
Déclinaison........	$D' = 19°58'$	$D = 19°58'$
Asc. droite du centre..	$Æ' = 286°55'25'',56$	$Æ = 274° 4' 1'',43$

$\Delta Æ = 12°51'24'',13 = 0^h51^m25^s,61$

Log δ' = 2,94596	log δ = 2,94743
Co-log cos D' = 0,02697	co-log cos D = 0,02697
Co-log 15 = 8,82391	co-log 15 = 8,82391
1,79684	1,79831
= +62^s,64	—62^s,85

$\alpha' - \alpha = 0^h51^m23^s,21$

d'où $\rho = \quad -0,21$

$\Delta\alpha = 0\ 51\ 23,00$

$\Delta Æ = 0\ 51\ 25,61$

$\Delta\alpha - \Delta Æ = \quad - \quad 2,61$

3° Calcul de x.

Log ($\Delta\alpha - \Delta Æ$) = 0,41664 —	$24 - l' = 22^h34^m\ 0^s$
Co-log ($\Delta Æ$) = 6,51066	$x = \ -\ 1\ 14,37$
$(24 - l') + (\alpha' - \alpha)$ = 4,94410	$24 - l = 23\ 33\ \ 45,63$
Log x = 1,87140 —	$l = 0\ 27\ \ 14,37$
$x = -74^s,37$	
La conn. des temps donne :	$l = 0^h27^m18^s$

55. 4e EXEMPLE : — *Le* **21** *octobre* **1839**, *à* KREMSMUNSTER, *on a observé*

Æ ☾ 1er *bord*................................ $\alpha = 0^h56^m58^s,09$

Le **22** *octobre* **1839**, *à* WASHINGTON, *on a observé*

Æ ☾ 2e *bord*................................ $\alpha' = 2\ 13\ \ 8,50$

$\alpha' - \alpha = 1\ 16\ 10,41$

On demande la longitude de KREMSMUNSTER, *comptée du méridien de* PARIS *en partant de la longitude connue de* WASHINGTON $= 5^h17^m26^s$ *à l'ouest du même méridien.*

Longitude supposée de Kremsmunster....... $0^h48^m34^s$ à l'Est de Paris.

Longitude de Washington................ 5 17 26 à l'Ouest de Paris.

Différence de longitude entre Washington et Kremsmunster........................... 6 6 0 = l'.

1° Calcul des temps moyens de Paris t' et .... t

Asc. droite observée à Washington, ☾ 1er bord	$= 2^h13^m\ 8^s,50$	$l' + 24 =$	$30^h\ 6^m\ 0^s$,
T. sid. à midi moyen de Washington.	14 1 46 ,66	$\alpha' - \alpha$	1 16 10 ,41
T. sid. écoulé depuis midi moyen....	12 11 21 ,84	(1) $24 + l' + (\alpha' - \alpha) =$	31 22 10 ,41
Tab. VIII, Conn. des temps	— 1 59 ,81	Tab. VIII	— 5 8 ,35
T. moy. de Washington	12 9 22 ,03		— 31 17 2 ,06
Longitude de Washington	5 17 26		
T. m. de Paris de la culmination à Washington, le 22 octobre	$t' =$ 17 26 48 ,03		17 26 48 ,03

Temps moyen de Paris présumé du passage de la lune à Kremsmunster, le 21 octobre .... $= t =$ 10 9 45 ,97

2° Calcul de la correction ρ.

Comme on a observé à Kremsmunster le 1er bord, et à Washington le 2e bord de la lune, le mouvement du centre de la lune en ascension droite est.

$$\left(\alpha' - \frac{\delta'}{15 \cos D'}\right) - \left(\alpha + \frac{\delta}{15 \cos D}\right).$$

Dans ce cas la correction devient $\rho = -\dfrac{1}{15}\left(\dfrac{\delta'}{\cos D'} + \dfrac{\delta}{\cos D}\right)$

Avec t et t' on trouve dans la connaissance des temps :

	Pour Washington.		Pour Kremsmunster.
Demi-diamètre de la lune.....	δ' 16′42″,7	$\delta =$	16′36″, 2
Déclinaison de la lune........	D' 17°33′	$D =$	9° 9′
Ascension droite du centre....	Æ′ 32°59′ 43″,27	Æ $=$	14 30′42″,48

Δ Æ $= 18°29'0'',79 = 1^h13^m56^s,05$

Log $\delta' =$ 3,00117	Log $\delta =$ 2,99835
Co-log cos $D' =$ 0,02070	Co-log cos $D =$ 0,00556
Co-log 15 $=$ 8,82391	Co-log 15 $=$ 8,82391
1,84578	1,82782
$\dfrac{\delta'}{15 \cos D'} = 67^s,27$	$\dfrac{\delta}{15 \cos D} = 70^s,11$

$$\rho = -137^s,38 = -2^m17^s,38$$

(1) La lune n'ayant été observée à Washington que le lendemain du jour où elle a été observée à Kremsmunster, l'intervalle de temps sidéral écoulé entre les deux passages au méridien est $24 + l' + (\alpha' - \alpha.)$

3° Calcul de x.

$\alpha' - \alpha =$	$1^h 16^m 10^s,41$
Correction $\rho =$	$- 2\ 17\ ,38$
$\Delta\alpha$	$1\ 13\ 53\ ,03$
$\Delta Æ$	$1\ 13\ 56\ ,05$
$\Delta\alpha - \Delta Æ =$	$-\ 3\ ,02$
Log $\Delta\alpha - \Delta Æ =$	$0,48001 -$
Co-log $\Delta Æ =$	$6,35300$
$24 + l' + (\alpha' - \alpha) =$	$5,05162$
Log x	$1,88463 -$
$x = - 76,67$	

Différence supposée........................ $l' =$	$6^h\ 6^m\ 0$
x	$-\ 1\ 16\ ,7$
	$6\ 4\ 43\ ,3$
Longitude de Washington....................	$5\ 17\ 26$
Longitude de Kremsmunster à l'Est de Paris......	$=\ 0\ 47\ 17\ ,3$

56. La quantité $\pm \frac{1}{15} \frac{\delta}{\cos D}$ qu'on ajoute au passage observé du bord de la lune pour avoir l'ascension droite du centre, n'est pas parfaitement exacte à cause d'une erreur de $0^s,20$ qui existe sur le demi-diamètre tabulaire. Cette erreur est telle, qu'en désignant toujours par α l'ascension droite du bord, l'ascension droite du centre pour le même instant sera $\alpha \pm \frac{\delta}{15 \cos D} \pm 0^s,20$, suivant qu'on a observé le bord occidental ou le bord oriental.

Dans la plupart des cas il n'y a pas lieu d'appliquer cette correction, parce qu'ordinairement le même bord de la lune a été observé dans les deux stations, et que la valeur $\Delta\alpha$ est alors indépendante de l'erreur du demi-diamètre. Mais il n'en est pas ainsi dans l'exemple précédent, où le 1er bord a été observé à Kremsmunster et le 2e à Washington; la valeur de ρ doit être augmentée de $0^s,40$, ce qui donne $\Delta\alpha = 1^h 13^m 52^s,63$, et si on achève le calcul avec cette valeur corrigée, on trouvera $x = -1^m 26^s,8$, d'où l'on conclut la longitude de Kremsmunster $0^h 47^m 7^s,3$ à l'Est de Paris, au lieu de $0^h 47^m 17^s 3$.

57. Voici encore deux exemples qui pourront servir comme exercices; je rapporte également les principaux résultats de chaque calcul.

1°. A Paris, le 18 septembre 1839, on a observé Æ ☾ 1er bord $\alpha = 19^h 59^m\ 4^s,05$
A Washington, le 19 septembre Æ ☾ 2e bord $\alpha' = 21\ \ 8\ 14,86$

En supposant que la longitude approchée l' soit de 5^h16^m, on trouvera :

Pour l'observation de Paris	Pour l'observation de Washington
t = Paris, 18 sept. $8^h10^m51^s,73$.	t' = Paris, 19 sept. $14^h31^m3^s,52$.
$\delta = 15'30'',2$	$\delta' = 15'49'',0$
$D = 24°38',A$	$D' = 19°18',A$
Æ' ☾ = $20^h0^m12^s,22$	Æ' = $21^h9^m18^s,79$

$x = + 1^m20^s,6$, et par conséquent $l = 5^h17^m20^s,6$.

2° A Paris, 26 mars 1839, on a observé Æ ☾ 1er bord α = 10 12 35 ,55
A Washington, 30 mars 1839 Æ ☾ 2e bord $\alpha' = 13^h19^m51^s,43$ $l' = 5^h19^m$.

Avec ces données on trouvera :

Pour l'observation de Paris	Pour l'observation de Washington
t = 26 mars, Paris $9^h57^m59^s,56$.	t' = 30 mars, Paris $18^h7^m8^s,88$.
$\delta = 14'56''6$	$\delta' = 14'41'',9$
$D = 13°20'B$	$D' = 10°56',A$
Æ ☾ 153°24'22'',63	Æ ☾ =199°43'35'',41

$x = - 1^m30^s,6$, et par conséquent $l = 5^h17^m29^s,4$.

N. B. On appliquera à ρ la correction $0^s,40$ dont il est question dans le quatrième exemple.

58. Passons maintenant au cas où la lune n'a été observée que sous un méridien.

Si le passage de la lune au méridien n'a été observé que dans la station dont on cherche la longitude, s'il n'y a point d'observation correspondante dans un lieu connu de position, la méthode que nous venons d'exposer n'est plus facilement applicable. Pour obtenir, dans ce cas, la longitude du lieu, il faut chercher le temps de Paris qui correspond à l'ascension droite observée et le comparer à l'heure de l'observation.

Soit α le temps sidéral du passage de l'un des bords de la lune au méridien de la station, ou, ce qui revient au même, l'ascension droite de ce bord : $\alpha \pm \frac{1}{15}\frac{\delta}{\cos D}$ sera l'ascension droite du centre à l'instant sidéral α. On calculera d'abord, à l'aide des éphémérides, le temps moyen de Paris correspondant à cette ascension droite du centre de la lune; ce temps moyen étant ensuite converti en temps sidéral, on en retranchera α, temps sidéral de l'observation, et la différence exprimera la longitude du lieu, laquelle sera orientale ou occidentale, selon que α sera plus grand ou plus petit que le temps sidéral de Paris.

M. Largeteau a construit des tables d'interpolation qui facilitent l'emploi de cette méthode, en permettant de se procurer avec exactitude et rapidité les ascensions droites de la lune pour deux époques éloignées de dix minutes et comprenant entre elles le temps moyen de Paris qui correspond à l'ascension droite observée : ce temps pourra donc se calculer par une simple proportion, car, dans un aussi court intervalle, le mouvement en ascension droite est sensiblement uniforme. Une application fera comprendre dans tous ses détails ce procédé de calcul.

59. *Le 28 septembre 1839, on a observé à Washington le passage de la lune au méridien, on a obtenu :* Æ du 2e bord $= 5^h 59^m 35^s 71$.

On demande la longitude de Washington comptée du méridien de Paris.

On connaît toujours assez exactement le temps moyen de l'observation ; on le convertit en temps moyen de Paris en supposant une valeur approchée de la longitude du lieu, et on calcule pour cet instant le demi-diamètre et la déclinaison de la lune. Dans l'exemple actuel nous aurons :

Temps moyen de Paris correspondant au passage de la lune observée à Washington : 1839, 28 septembre, à $22^h 50^m$.

Demi-diamètre de la lune pour cet instant................ $\delta = 15' 59'' 2$

Déclinaison de la lune................................ $D = 28°33' B$

Avec ces valeurs de δ et de D on trouvera $\frac{1}{15} \frac{\delta}{\cos D} = 1^m 12^s,80$.

Calcul de l'ascension droite du centre de la lune et du temps approché qui lui correspond à Paris.

L'ascension droite du second bord de la lune observée à Washington étant..	$5^h 59^m 35^s,71$
Si on en retranche la quantité $\frac{1}{15} \frac{\delta}{\cos D}$....................	— 1 12,80
On aura pour ascension droite du centre à $5^h 59^m 35^s 71$, temps sidéral de Washington....................................	5 58 22,91
Ou en degrés..	89°35'43'',65

Cette ascension droite du centre est comprise entre les ascensions droites tabulaires suivantes qui sont extraites de la connaissance des temps pour 1839.

Temps moyen de Paris.	Ascensions droites.	Différence.
Sept. 28 12[h]	82°28' 8'',8	+ 7°55'45'',8
29 0	90 23 54 ,6	

Et la différence entre l'ascension droite de la lune, le 29 septembre, à 0^h, et l'ascension droite observée est de 0°48′10″,95.

Le temps moyen de Paris correspondant à l'ascension droite déterminée à Washington, est donc compris entre le 28 septembre à 12^h et le 29 à 0^h, et si on pose la proportion suivante :

$$7°55'45'',8 : 0°48'10'',95 :: 12^h : x = 1^h12^m57^s,$$

On aura une valeur approchée de ce temps moyen en retranchant $1^h12^m57^s$ de l'époque, 29 septembre 0^h, ce qui donne, 28 septembre $22^h47^m3^s$.

3° Pour avoir la valeur exact du temps moyen de Paris correspondant à l'observation de Washington, il faudra calculer, à l'aide des tables d'interpolation de M. Largeteau, une ascension droite de la lune pour une époque t des tables, voisine de la valeur approchée $22^h47^m3^s$ c'est-à-dire pour 22^h50^m. On trouvera ainsi, en tenant compte des différences 1, 2, 3 et 4ines ☾ = 89°37′54″,86

Cette valeur étant plus forte que l'ascension droite déterminée à Washington, 22^h50^m est plus grand que le temps moyen cherché : on fera alors un calcul tout semblable pour une époque des tables moins avancée de 10^m c'est-à-dire pour 22^h40^m, l'ascension droite correspondante.................................. 89 31 20 ,38
est plus faible que l'ascension droite observée 89°35′43″,65 de 4′23″,27. On aura de plus le mouvement de la lune en ascension droite pour dix minutes de temps, en retranchant l'une de l'autre les deux ascensions droites calculées. Ce mouvement est de... 6′24″,48

Les ascensions droites qu'on vient de calculer, comprenant entre elles l'ascension droite observée, les temps moyens de Paris correspondants 22^h50^m et 22^h40^m comprendront entre eux le temps moyen cherché, et on aura la quantité x qu'il faut ajouter à 22^h40^m pour avoir sa valeur exacte au moyen de la proportion :

$$6'24''48 : 4'23'',27 :: 10^m : x = 6^m40^s,43$$

Le temps moyen de Paris qui correspond à l'ascension droite observée sera donc $22^h46^m40^s,43$

4° Le reste du calcul

4° Le reste du calcul s'achève comme il suit :

Temps moyen de Paris correspondant à l'observation.......	22h46m40s,43
Tab. IX, Conn. d. t. correction pour 22h46m40s,43	+ 3 44,51
Temps sidéral à midi moyen de Paris, le 28 septembre 1839.	12 32 17,21
Temps sidéral de Paris correspondant à l'observation........	11 16 42,15
Temps sidéral de Washington..........................	5 59 35,71
Longitude de Washington comptée du méridien de Paris.....	5 17 6,44
Au lieu de..	5 17 26
Différence..	19,56

Cette différence de 19s,56 tient en grande partie à l'erreur des tables lunaires le 28 septembre 1839. Pour la déterminer on observera que si α représente l'heure sidérale du passage du bord observé dans un observatoire connu de position, $\alpha \pm \frac{\delta}{15 \cos D}$ sera l'ascension droite du centre pour le même instant : en désignant par Æ ☾ l'ascension droite calculée au moyen des éphémérides de la lune pour le temps moyen qui correspond au temps sidéral α, l'erreur des tables aura pour expression : $\alpha \pm \frac{\delta}{15 \cos D}$ — Æ ☾.

Une observation faite à l'observatoire de Greenwich, le 24 septembre 1839, permet de déterminer l'erreur des tables pour ce même jour ; on trouve tout calcul fait :

Ascension droite du centre d'après l'observation de Greenwich.	5h44m11s,75
Ascension droite d'après les éphémérides de la lune..........	5 44 12 ,67
Erreur des tables le 28 septembre 1839..................	+ 0,92

On tiendra compte de cette erreur dans le calcul précédent en diminuant de 0s92 = 13″,80 l'ascension droite qui a été calculée pour le 28 septembre à 22h40m. Ce qui donne pour l'ascension droite corrigée de la lune. 89°31′ 6″,58

L'ascension droite de la lune déduite de l'observation de Washington étant..................................	89 35 43 ,65
La différence sera..................................	4 37 ,07

La proportion précédente devient alors

$$6'24'',48 : 4'37'',07 :: 10^m : x = 7^m1^s,42$$

On conclura de là, en achevant le calcul de la même manière que précédemment :

Temps moyen de Paris correspondant à l'observation de Washington	$22^h47^m\ 1^s,42$
Table IX, Conn. des temps, correct. pour $22^h47^m1^s,42$	+ 3 44 ,56
Temps sidéral à midi moyen de Paris le 28 sept. 1839	12 26 17 ,21
	—24
T. sid. de Paris correspondant à l'observation de Washington.	11 17 3 ,19
Temps sidéral de Washington	5 59 35 ,75
Longitude de Washington comptée du méridien de Paris	5 17 24 ,44

Ce nombre diffère bien peu de la longitude qui est généralement adoptée.

L'erreur des tables n'étant pas constante, on ne peut la déterminer que lorsque la lune a été observée dans un observatoire, c'est-à-dire lorsqu'on a pu se procurer une observation correspondante à celle qui a été faite dans la station dont on veut déterminer la longitude, et, dans ce cas, peut-être trouvera-t-on plus simple de suivre la méthode de calcul qui a été exposée précédemment (51), plutôt que de rechercher l'erreur des tables par un calcul préalable.

Catalogue d'étoiles circompolaires, formules et tables qui servent à transformer les positions moyennes en positions apparentes.

Ce catalogue contient les positions moyennes pour le 1er janvier 1850 de 97 étoiles comprises dans une zone d'environ 15° autour du pôle, soit dans l'hémisphère boréal, soit dans l'hémisphère austral, ainsi que divers éléments qui doivent servir à transformer ces positions moyennes en positions apparentes.

Les étoiles sont disposées suivant l'ordre dans lequel elles passent au méridien supérieur ou inférieur, de sorte que deux étoiles dont les ascensions droites diffèrent de près de 12 heures sont inscrites l'une après l'autre, parce qu'elles arrivent presque en même temps au méridien, l'une au-dessus du pôle, l'autre au-dessous. Cette disposition, qui ne présente d'ailleurs aucun inconvénient, permet de voir d'un seul coup d'œil les astres qui peuvent être observés successivement.

Dans la page qui se trouve à gauche, table IV, le chiffre de la première colonne indique le numéro de l'étoile. Ces chiffres se succèdent sans interruption depuis le n° 1 jusqu'au n° 97. La seconde colonne indique la constellation dont l'étoile fait partie, le chiffre de la troisième colonne dénote sa grandeur. La quatrième colonne contient l'ascension droite moyenne en temps pour le 1er janvier 1850. Les cinquième, sixième et septième colonnes donnent respectivement pour l'ascension droite, la précession annuelle, la variation séculaire de la précession et le mouvement propre annuel de l'étoile. Les quatre dernières colonnes contiennent les logarithmes de certaines quantités $a, b, c, d,$ qui servent dans le calcul des ascensions droites apparentes.

La page de droite renferme les nombres qui sont relatifs aux distances polaires des astres : les colonnes 1, 2 et 3 sont identiques aux trois premières colonnes de la page précédente. La quatrième colonne contient la distance moyenne de chaque étoile au pôle nord pour le 1er janvier 1850. Les nombres des 5e, 6e et 7e colonnes représentent respectivement la précession annuelle, la variation séculaire de la précession et le mouvement propre annuel en distance polaire. Enfin, les quatre dernières colonnes renferment les logarithmes des quantités a', b', c', d', qui servent dans le calcul de la distance polaire apparente.

Nous allons montrer actuellement comment, en partant de la position moyenne d'une étoile du Catalogue, on arrive à sa position apparente pour une époque donnée. Cette opération se divise en deux parties: dans la première, on transporte la position moyenne de l'étoile du 1er janvier 1850 au 1er janvier de l'année donnée; dans la seconde partie, on cherche les corrections qui dépendent des effets de la précession, de la nutation et de l'aberration pendant l'intervalle écoulé du 1er janvier de cette année jusqu'à la date proposée.

Désignons par y le nombre entier d'années écoulées depuis 1850, par p la précession annuelle d'une étoile du catalogue, par s la variation séculaire de la précession, et par μ le mouvement propre annuel : le changement de position de l'étoile, soit en ascension droite, soit en distance polaire, qui a eu lieu du 1er janvier 1850 au 1er janvier de l'année $(1850 + y)$, se calculera par la formule

$$\left(p + \mu + \frac{s}{100} \times \tfrac{1}{2} y\right) y$$

de sorte que α' et δ' exprimant l'ascension droite d'une étoile et sa distance polaire moyennes pour le 1er janvier 1850, on aura

$$(t) \quad \alpha = \alpha' + \left(p + \mu + \frac{s}{100} \times \tfrac{1}{2} y\right) y$$

$$\delta = \delta' + \left(p' + \mu' + \frac{s'}{100} \times \tfrac{1}{2} y\right) y$$

α et δ représentant les valeurs des mêmes éléments pour le 1er janvier de l'année $(1850 + y)$.

Quant aux corrections en ascension droite et en distance polaire qui dépendent de la précession, de la nutation et de l'aberration pendant l'intervalle écoulé depuis le 1er janvier de l'année $(1850 + y)$, jusqu'à la date pour laquelle on cherche la position apparente de l'astre, corrections qui devront être appliquées à α et δ, elles seront données par les formules :

$$\Delta\alpha = Aa + Bb + Cc + Dd$$
$$\Delta\delta = Aa' + Bb' + Cc' + Dd'$$

Les quantités a, a', b, b', c, c', d, d', dont les logarithmes se trouvent dans le catalogue, ont été obtenues au moyen de l'ascension droite α, de la distance polaire δ de l'étoile, et de l'obliquité de l'écliptique ω par les relations :

$$a = \text{Cos}\,\alpha\ \text{cosec}\,\delta.$$
$$b = \text{Sin}\,\alpha\ \text{cosec}\,\delta.$$
$$c = 46'',0591 + 20'',0547\ \sin\alpha\ \text{cotan}\,\delta.$$
$$d = \text{Cos}\,\alpha\ \text{cotan}\,\delta.$$
$$a' = \text{Tan}\,\omega\ \sin\delta - \sin\alpha\ \cos\delta.$$
$$b' = \text{Cos}\,\alpha\ \cos\delta.$$
$$c' = 20'',0547\ \cos\alpha.$$
$$d' = -\text{Sin}\,\alpha.$$

Les coefficients A, B, C, D, qui dépendent principalement du temps, s'obtiendront à l'aide des tables I, II, III, dont nous allons faire connaître la construction et l'usage, ou se calculeront directement à l'aide des formules suivantes, sur lesquelles ces tables sont fondées.

$$(u)\left\{\begin{array}{l} A = -18'',7322\cos\odot; \\ B = -20\ ,4200\sin\odot; \\ C = t - 0\ ,02492\sin 2\odot - 0,34344\sin\Omega + 0,00413\sin 2\Omega - 0,004\sin 2☾; \\ D = -0,54470\cos 2\odot - 9,2500\cos\Omega + 0,0903\cos 2\Omega - 0,09\cos 2☾. \end{array}\right.$$

Dans ces formules, t représente l'intervalle écoulé depuis le 1er janvier de l'année courante, exprimé en fraction d'année, c'est-à-dire la valeur $0,00273785.d$; d étant le nombre de jours compris entre le 1er janvier et la date proposée.

$\odot$ et ☾ désignent la longitude vraie du soleil et de la lune, Ω la longitude moyenne du nœud ascendant de la lune.

Construction des tables I, II, III.

La table I renferme les valeurs de A et de B calculées de 10 en 10 jours, pour minuit moyen de Paris, en supposant que la longitude du soleil, au midi moyen du 1er janvier soit constamment de 281°. L'erreur qui résulte de cette hypothèse est négligeable dans la plupart des cas, de sorte que cette table, calculée pour une année fictive, peut servir pour une année quelconque.

Les formules servant à calculer C et D ont été mises en tables, en considérant séparément les termes qui dépendent du ⊙ et ceux qui dépendent du ☊, et en posant

$$C' = 1 - 0{,}02492 \sin 2 \odot; \qquad C'' = -0{,}34344 \sin \Omega + 0{,}00413 \sin 2 \Omega$$
$$D' = -0{,}5447 \cos 2 \odot \qquad D'' = -9{,}25 \cos \Omega + 0{,}0903 \cos 2 \Omega$$

De cette manière, si on néglige les termes en sin 2☾ et cos 2☾ dont l'influence est peu sensible, on aura :

$$C = C' + C'' \qquad D = D' + D''.$$

La table II contient les valeurs de C' et D', calculées, de 10 en 10 jours, pour minuit moyen, depuis le 1er janvier de l'année fictive jusqu'au 37 décembre ou 6 janvier suivant. Les expressions de C'' et D'' sont données, dans la table III, pour des valeurs du ☊, variant de 5° en 5°, depuis 0° jusqu'à 180° ; entre ces limites, l'argument de la table se prend dans la première colonne : de 180° jusqu'à 360°, ces mêmes expressions de C'' et D'' repassent par les mêmes valeurs affectées d'un signe contraire, et l'argument se prend dans la dernière colonne.

Pour expliquer sur un exemple l'usage des formules précédentes et des tables I, II, III, proposons-nous de calculer la position apparente de l'étoile n° 67 du catalogue pour le 15 avril 1853, à $7^h\,40^m$, dans un lieu dont la longitude est $4^h\,20^m$ *Ouest*, ou, pour le temps moyen de Paris correspondant, $12^h\,0^m$.

On trouve dans le catalogue pour le 1er janvier 1850 :

N° 67. *Etoile de la Petite-Ourse.*

Ascension droite moyenne..........	$\alpha' = 6^h\ 57^m\ 3^s{,}17$
Précession annuelle...............	$p = +\ 80^s{,}198$
Variation séculaire.................	$s = -\ 22^s{,}4350$
Mouvement propre annuel..........	$\mu = -\ 0^s323$

$a = 9{,}9903-$; $b = 0{,}5851+$; $c = 1{,}9042+$; $d = 9{,}9902-$

Distance polaire moyenne..........	$\delta' = 0^\circ\ 57', 44'', 9$
Précession annuelle..............	$p' = +\quad 4'', 94$
Variation séculaire...............	$s' = +\quad 11'', 336$
Mouvement propre annuel.........	$\mu' = -\quad 0'', 01$

$$a' = 9,9830 + ; \quad b' = 9,3915 + ; \quad c' = 0,6938 + ; \quad d' = 9,9864 +$$

On aura d'abord, par les formules (t), la position moyenne de l'étoile pour le 1er janvier 1853 :

$$\alpha = 6^h\, 57^m\, 3^s,17 + (80^s,198 - 0^s,323 - 0^s,22435 \times \tfrac{3}{2}).3 = 7^h\, 1^m\, 1^s,784$$
$$\delta = 0^\circ\, 57'\, 44'',9 + (4'94 - 0'',01 + 0'',11336 \times \tfrac{3}{2}).\, 3 = 0^\circ\, 58'\, 0'',20$$

Et ensuite les logarithmes des coefficients A, B, C, D, au moyen des tables I, II, III. La table I donne pour le 15 avril, à minuit moyen de Paris :

$$\text{Log } A = 1,2267 - ; \qquad \text{Log. } B = 0,9339 -$$

On a de même, au moyen de la table II :

$$C' = + 0,26573 ; \qquad D' = - 0,34015$$

En entrant dans la table III avec la longitude moyenne du nœud ascendant de la lune $= 82^\circ\ 35'\ 33''$, prise dans la Connaissance des temps, page 37, pour le 15 avril, à minuit moyen, on obtient :

$$C'' = - 0,33937 \text{ et } D'' = - 1,27801$$

et par suite $\quad C = - 0,07364 \qquad \text{Log } C = 8,8671 -$

$\qquad\qquad\quad D = - 1,61816 \qquad \text{Log } D = 0,2090 -$

Avec les coefficients A, B, C, D et les constantes a, a', b, b', etc., le calcul se fera de la manière suivante :

	$a = 9,9903 -$	$b = 0,5851 +$	$c = 1,9042 +$	$d = 9,9902 -$
	$A = 1,2267 -$	$B = 0,9339 -$	$C = 8,8671 -$	$D = 0,2090 -$
	$a' = 9,9830 +$	$b' = 9,3915 +$	$c' = 0,6938 +$	$d' = 9,9864 +$
	$Aa = 1,2170 +;$	$Bb = 1,5190 -;$	$Cc = 0,7713 -;$	$Dd = 0,1992 +$
Nombre...	$+ 16^s,480$	$- 33^s,040$	$- 5^s,906$	$+ 1^s,582$
Somme des nombres.....		$\Delta\alpha = - 20^s,884$		
	$Aa' = 1,2097 -;$	$Bb' = 0,3254 -;$	$Cc' = 9,5609 -;$	$Dd' = 0,1954 -$
Nombre..	$- 16'',21$	$- 2'',12$	$- 0'',36$	$- 1'',57$
Somme des nombres......		$\Delta\delta = - 20'',26$		

La position apparente de l'étoile n° **67**, pour le **15** avril **1853**, à $7^h\ 40^m$, temps moyen dans le lieu dont la longitude est $4^h\ 20^m$ *Ouest*, sera donc :

$$\alpha = 7^h\ 1^m\ 1^s{,}784 - 20^s{,}884 = 7^h\ 0^m\ 40^s{,}90$$
$$\delta = 0^\circ\ 58'\ 0'',20 - 20'',26 = 0^\circ\ 57'\ 39'',9$$

Cette position de l'étoile n° **67** est suffisamment exacte, si on en fait usage pour amener la lunette dans le méridien ; mais si on voulait la faire concourir à la détermination de l'erreur d'azimut, il serait préférable de calculer directement par les formules (u) les valeurs des coefficients A, B, C, D. Le type de ce calcul est rapporté ci-dessous :

Calcul direct des coefficients A, B, C, D.

On trouvera, au moyen de la Connaissance des temps, pour le **15** avril **1853**, à minuit :

$\odot = 25°54'$ et, par conséquent. $2\odot = 51°48'$
$☊ = 82\ 35',5$ . . . . $2\,☊ = 165\ 11$
$☾ = 109\ 43$ . . . . $2\,☾ = 219\ 26$

Du 1er janvier au **15** avril à 12^h, il s'est écoulé **104** j. 5 = d.

Log d	= 2,01912
Log 0,00273785	= 7,43740
Log t	= 9,45652
D'où t	= 0,28610

Calcul de Log. A.		*Calcul de Log. B.*	
— 18,7322	= 1,27259 —	— 20,42	= 1,31006 —
Cos $\odot$	= 9,95403 +	Sin $\odot$	= 9,64028 +
Log A	= 1,22662 —	Log B	= 0,95034 —

Calcul de C.

Log.	Log.	Log.	Log.
— 0,02492 = 8,39655 —	— 0,34344 = 9,53585 —	+ 0,00413 = 7,61595 +	— 0,004 = 7,60206 —
Sin 2 ☉ = 9,89534 +	Sin Ω = 9,99636 +	Sin 2 Ω = 9,40778 +	Sin 2 ☾ = 9,80290 —
8,29189 —	9,53221 —	7,02373 +	7,40496 +
Nombres —0,019584	—0,34058	+0,001056	+0,002541
—0,34058		+0,002541	
—0,360164		+0,003597	
+0,003597			
—0,356567			
t = +0,28610			
C = —0,07047	Log C = 8,8479 —		

Calcul de D.

Log.	Log.	Log.	Log.
— 0,54470 = 9,73616 —	— 9,25 = 0,96614 —	+ 0,0903 = 8,95569 +	— 0,09 = 8,95424 —
Cos 2 ☉ = 9,79128 +	Cos Ω = 9,10039 +	Cos 2 Ω = 9,98531 —	Cos 2 ☾ = 9,88782 —
9,52744 —	0,07653 —	8,94100 —	8,84206 +
Nombres = —0,33685	—1,19270	—0,08730	+0,06951

D ou somme des nombres = — 1,54734 ; Log D = 0,1896 —

Avec ces valeurs plus exactes des quantités A, B, C, D, on trouverait :

$$\Delta\alpha = -21^{s},98 \qquad \Delta\delta = -20'',24$$

Comme les positions des étoiles circompolaires de l'hémisphère austral ne sont pas exactement connues, il est nécessaire, dans les stations de cet hémisphère, de multiplier les observations des circompolaires, afin d'augmenter le nombre des combinaisons favorables à la recherche des erreurs de l'instrument. Entre les tropiques, les étoiles aussi voisines que possible des deux pôles, se combinent avec avantage pour déterminer la déviation horizontale.

L'imperfection des catalogues, en ce qui concerne les étoiles circompolaires de l'hémisphère austral, s'explique suffisamment par le petit nombre d'observatoires établis dans cet hémisphère ; l'astronome voyageur qui pourra profiter d'une station de quelques mois, pour observer avec soin les positions de ces étoiles, rendra à l'astronomie un service important ; il devra, dans ce cas, s'attacher à bien connaître le mouvement de son chronomètre, car ses observations embrassant un nombre d'heures considérable, l'influence d'une marche diurne mal connue, se fera certainement sentir. Outre les étoiles fondamentales qui culminent pendant la nuit, il observera toutes les étoiles de 1re et 2e grandeur qui passent le jour au méridien quelques heures avant et après midi; en répétant le lendemain les observations de la veille, il aura par la comparaison des temps correspondants à deux passages successifs d'une même étoile au méridien, le mouvement de son chronomètre en 24 heures sidérales.

L'observateur qui n'aurait pas le loisir de réduire lui-même ses observations méridiennes, trouvera sans doute des calculateurs qui se chargeront de ce soin, surtout s'il a su réunir toutes les observations indispensables à la détermination des erreurs instrumentales et de l'état absolu du chronomètre, et s'il n'a négligé aucune des indications nécessaires pour retrouver plus tard les astres observés. Il devra, en outre, conserver avec soin non-seulement les registres des observations transcrites, mais encore les cahiers manuscrits sur lesquels il a dû consigner tous les détails des observations originales. En un mot, il ne saurait prendre trop de précautions pour inspirer au calculateur la plus entière confiance.

Quelques personnes ont pensé qu'un théodolite installé dans le méridien pourrait fournir des données aussi exactes que celles qu'on obtient avec un cercle méridien portatif. C'est là une erreur que ne partageront certainement pas ceux qui ont fait usage des deux instruments. Il suffit de comparer leur construction pour se convaincre de la supériorité des instruments méridiens. Dans le théodolite, il n'est pas possible d'avoir exactement l'inclinaison de l'axe de rotation de la lunette ni de soumettre cet axe aux vérifications dont nous avons parlé; la rectification de l'axe optique offre également les plus grandes difficultés, et les vis de pression, à l'aide desquelles les deux cercles horizontaux sont liés l'un à l'autre, ne peuvent pas évidemment assurer à l'azimut de l'instrument toute la fixité désirable. Nous n'insistons pas davantage sur ces inconvénients qui se font sentir lorsque le théodolite est détourné de son véritable but, qui est la mesure des angles horizontaux et des distances zénithales.

TABLE I

Logarithmes de A et B pour chaque dixième jour de l'année fictive.

ARGUMENT.		LOGARITHME *A*.	LOGARITHME *B*.
Janvier......	1..	— 0,5541	+ 1,3020
—	11..	— 0,8311	+ 1,2796
—	21..	— 0,9894	+ 1,2413
—	31..	— 1,0943	+ 1,1841
Février......	10..	— 1,1672	+ 1,1024
—	20..	— 1,2176	+ 0,9849
Mars........	2(*)	— 1,2503	+ 0,8042
—	12..	— 1,2681	+ 0,4636
—	22..	— 1,2724	— 0,7951
Avril........	1..	— 1,2636	— 0,6146
—	11..	— 1,2414	— 0,8733
—	21..	— 1,2046	— 1,0247
Mai.........	1..	— 1,1507	— 1,1265
—	11..	— 1,0750	— 1,1982
—	21..	— 0,9684	— 1,2486
—	31..	— 0,8101	— 1,2826
Juin.........	10..	— 0,5373	— 1,3026
—	20..	— 9,5375	— 1,3100
—	30..	+ 0,4413	— 1,3053
Juillet.......	10..	+ 0,7629	— 1,2882
—	20..	+ 0,9378	— 1,2578
—	30..	+ 1,0532	— 1,2118
Août.......	9...	+ 1,1345	— 1,1463
—	19..	+ 1,1927	— 1,0542
—	29..	+ 1,2332	— 0,9201
Septembre...	8..	+ 1,2588	— 0,7041
—	18..	+ 1,2712	— 0,2139
—	28..	+ 1,2708	+ 0,2679
Octobre......	8..	+ 1,2574	+ 0,7248
—	18..	+ 1,2299	+ 0,9357
—	28..	+ 1,1862	+ 1,0682
Novembre....	7..	+ 1,1222	+ 1,1594
—	17..	+ 1,0306	+ 1,2237
—	27..	+ 0,8958	+ 1,2679
Décembre....	7..	+ 0,6766	+ 1,2956
—	17..	+ 0,1683	+ 1,3087
—	27..	— 0,2679	+ 1,3079
—	37..	— 0,7050	+ 1,2935

(*) Si l'année est bissextile, il faut, après février, retrancher une unité de toutes les dates tabulaires pour obtenir la date civile correspondante.

TABLE II

Pour calculer les valeurs de C' et D'.

ARGUMENT.	C' = $t - 0{,}02492 \sin 2\odot$	D' = $-0{,}5447 \cos 2\odot$
Janvier...... 1..	+ 0,00935	+0",50479
— 11..	+ 0,04418	+ 0,40190
— 21..	+ 0,07691	+ 0,24887
— 31..	+ 0,10686	+ 0,06514
Février...... 10..	+ 0,13374	— 0,12611
— 20..	+ 0,15764	— 0,30115
Mars........ 2(*)	+ 0,17903	— 0,43870
— 12..	+ 0,19867	— 0,52262
— 22..	+ 0,21751	— 0,54368
Avril........ 1..	+ 0,23657	— 0,50041
— 11..	+ 0,25683	— 0,39895
— 21..	+ 0,27909	— 0,25196
Mai......... 1..	+ 0,30389	— 0,07696
— 11..	+ 0,33150	+ 0,10593
— 21..	+ 0,36184	+ 0,27619
— 31..	+ 0,39456	+ 0,41512
Juin......... 10..	+ 0,42904	+ 0,50777
— 20..	+ 0,46451	+ 0,54432
— 30..	+ 0,50007	+ 0,52107
Juillet....... 10..	+ 0,53483	+ 0,44064
— 20..	+ 0,56799	+ 0,31174
— 30..	+ 0,59947	+ 0,14831
Août........ 9..	+ 0,62718	— 0,03197
— 19..	+ 0,65269	— 0,20926
— 29..	+ 0,67561	— 0,36378
Septembre... 8..	+ 0,69642	— 0,47778
— 18..	+ 0,71582	— 0,53769
— 28..	+ 0,73472	— 0,53573
Octobre...... 8..	+ 0,75410	— 0,47109
— 18..	+ 0,77491	— 0,35035
— 28..	+ 0,79797	— 0,18704
Novembre.... 7..	+ 0,82383	— 0,00028
— 17..	+ 0,85273	+ 0,18736
— 27..	+ 0,88451	+ 0,35267
Décembre.... 7..	+ 0,91866	+ 0,47478
— 17..	+ 0,95435	+ 0,53799
— 27..	+ 0,99054	+ 0,53399
— 37..	+ 1,02611	+ 0,46310

(*) Si l'année est bissextile, il faut, après février, retrancher une unité de toutes les dates tabulaires pour obtenir la date civile correspondante.

TABLE III

Pour calculer les valeurs de C'' et D''.

ARGUMENT Ω	C'' — — 0,34344 sin Ω + 0,00413 sin 2 Ω	D'' — — 9'',2500 cos Ω + 0,0903 cos 2 Ω	ARGUMENT Ω
0°	— 0,00000 +	—9'',16000—	360°
5	— 0,02923 +	— 9,12617 —	355
10	— 0,05825 +	— 9,02490 —	350
15	— 0,08686 +	— 8,85687 —	345
20	— 0,11486 +	— 8,62321 —	340
25	— 0,14205 +	— 8,32549 —	335
30	— 0,16822 +	— 7,96573 —	330
35	— 0,19320 +	— 7,54637 —	325
40	— 0,21680 +	— 7,07028 —	320
45	— 0,23884 +	— 6,54074 —	315
50	— 0,25915 +	— 5,96141 —	310
55	— 0,27759 +	— 5,33636 —	305
60	— 0,29400 +	— 4,67000 —	300
65	— 0,30825 +	— 3,96707 —	295
70	— 0,32024 +	— 3,23263 —	290
75	— 0,32984 +	— 2,47202 —	285
80	— 0,33698 +	— 1,69081 —	280
85	— 0,34159 +	— 0,89482 —	275
90	— 0,34362 +	— 0,09000 —	270
95	— 0,34303 +	+ 0,71756 +	265
100	— 0,33982 +	+ 1,52167 +	260
105	— 0,33398 +	+ 2,31613 +	255
110	— 0,32556 +	+ 3,09474 +	250
115	— 0,31460 +	+ 3,85137 +	245
120	— 0,30117 +	+ 4,58000 +	240
125	— 0,28537 +	+ 5,27480 +	235
130	— 0,26730 +	+ 5,93016 +	230
135	— 0,24712 +	+ 6,54074 +	225
140	— 0,22495 +	+ 7,10154 +	220
145	— 0,20098 +	+ 7,60794 +	215
150	— 0,17539 +	+ 8,05573 +	210
155	— 0,14839 +	+ 8,44120 +	205
160	— 0,12019 +	+ 8,76110 +	200
165	— 0,09100 +	+ 9,01276 +	195
170	— 0,06108 +	+ 9,19404 +	190
175	— 0,03067 +	+ 9,30343 +	185
180	— 0,00000 +	+ 9,34000 +	180

CATALOGUE

D'ÉTOILES CIRCOMPOLAIRES

POUR LE 1er JANVIER 1850.

Pour une autre époque $(1850 + y)$ on a :

$$\alpha' = \alpha + \left(p + \frac{s}{100}\,\frac{1}{2}y\right)y$$

$$\delta' = \delta + \left(p' + \frac{s'}{100}\,\frac{1}{2}y\right)y$$

et pour la position apparente de l'étoile.

Correction en Æ $= Aa + Bb + Cc + Dd$

Correction en dist. pol. $= Aa' + Bb' + Cc' + Dd$

TABLE IV. — CATALOGUE D'ÉTOILES CIRCOMPOLAIRES

NUMÉROS du Catalogue.	CONSTELLATIONS.	GRANDEUR.	ASCENSION DROITE. — 1er Janvier 1850.	PRÉCESSION annuelle. p	VARIATION séculaire. s	MOUVEMENT propre. μ	LOGARITHMES DE a.	b.	c.	d.
			h. m. s.	s.	s.	s.				
1	Octant.............. γ^3	5	0 3 6,19	+ 2,922	— 0,2212	— 0,102	+ 9,7416	+ 7,8733	+ 0,4657	— 9,75[illegible]
2	Petite Ourse..........	6	12 12 25,98	+ 1,531	— 0,0035	+ 0,325	— 0,1453	— 8,8801	+ 0,1905	— 0,14[illegible]
3	Octant.............. o	6 1/2	0 13 47,83	— 2,669	+ 5,8221	....	+ 0,6763	+ 9,4567	— 0,4263	— 0,676
4	Octant..................	6	12 14 6,59	+ 4,074	+ 0,0019	— 0,025	— 9,9100	— 8,7008	+ 0,6100	+ 9,909
5	Petite Ourse...........	6	12 14 32,29	— 0,235	+ 1,3403	— 0,173	— 0,4142	— 9,2171	— 9,3703	— 0,414
6	Octant.............. ι	5	12 39 45,57	+ 5,384	+ 0,7414	+ 0,012	— 9,8206	— 9,0643	+ 0,7311	+ 9,818
7	Petite Ourse...........	6	0 44 32,41	+ 11,361	+ 6,0216	+ 0,116	+ 0,3225	+ 9,0166	+ 1,0554	+ 0,322
8	Petite Ourse...........	5 1/2	12 48 4,71	+ 0,316	+ 0,2321	— 0,028	— 9,8119	— 9,1401	+ 9,4994	— 9,809
9	Petite Ourse...........	5	0 49 7,91	+ 6,644	+ 1,2222	+ 0,072	+ 9,9143	+ 9,2523	+ 0,8224	+ 9,913
10	Petite Ourse...........	6	0 51 45,37	+ 7,756	+ 1,8480	— 0,171	+ 0,0082	+ 9,3094	+ 0,8897	+ 0,007
11	Petite Ourse......... α	2	1 5 1,42	+ 17,456	+ 11,4276	+ 0,090	+ 0,3911	+ 9,8559	+ 1,2420	+ 0,390
12	Octant.............. κ	5	13 17 38,76	+ 8,162	+ 1,3966	— 0,087	— 8,8593	— 9,4063	+ 0,9118	+ 9,857
13	Petite Ourse...........	6	13 20 57,26	— 2,857	+ 1,0312	....	— 9,9053	— 9,4720	— 0,4559	— 9,904
14	Petite Ourse...........	6	1 30 42,89	+ 10,801	+ 2,4979	+ 0,068	+ 9,9360	+ 9,5869	+ 1,0533	+ 9,965
15	Octant..................	6	1 42 5,30	— 2,177	+ 0,5985	+ 0,004	+ 9,7414	+ 9,4203	— 0,3378	— 9,7388
16	Petite Ourse...........	6	13 46 51,38	— 2,208	+ 0,5763	— 0,023	— 9,7213	— 9,4231	— 0,3410	— 9,718
17	Hydre...................	5 1/2	1 49 8,36	— 0,762	+ 0,2536	— 0,154	+ 9,5743	+ 9,2868	— 9,8821	— 9,568
18	Apodis.............. η	5	13 59 45,17	+ 6,972	+ 0,5415	— 0,058	— 9,5349	— 9,2953	+ 0,8434	+ 9,528
19	Octant..................	6	2 0 20,98	— 1,840	+ 0,4217	— 0,104	+ 9,6300	+ 9,3929	— 0,2648	— 9,625
20	Octant.............. δ	5	14 3 29,22	+ 8,637	+ 0,9674	— 0,113	— 9,6700	— 9,4466	+ 0,9363	+ 9,666
21	Cassiopée..............	6	2 16 25,59	+ 7,790	+ 0,6400	— 0,002	+ 9,5464	+ 9,3771	+ 0,8915	+ 9,5410
22	4 Petite Ourse.........	var.	14 9 30,89	— 0,372	+ 0,1563	— 0,015	— 9,4417	— 9,2439	— 9,5707	— 9,452
23	Octant..................	6 1/2	14 20 15,77	+ 20,732	+ 7,0314	....	— 0,0989	— 9,9452	+ 1,3167	+ 0,098
24	Hydre.............. μ	6	2 34 51,22	— 1,559	+ 0,2663	— 0,064	+ 9,4664	+ 9,3703	— 1,1929	— 9,4594
25	Cassiopée...........	6	2 26 31,39	+ 7,999	+ 0,0294	+ 0,024	+ 9,5248	+ 9,3961	+ 0,9030	+ 9,5192
26	Cassiopée..............	6	2 40 24,43	+ 7,561	+ 0,4497	— 0,001	+ 9,4160	+ 9,3584	+ 0,8786	+ 9,4017
27	Petite Ourse...........	6	2 57 39,97	+ 12,554	+ 1,5579	....	+ 9,6858	+ 9,6768	+ 1,0988	+ 9,6837
28	Petite Ourse...........	5	15 0 44,05	— 4,797	+ 0,7265	....	— 9,5940	— 9,5968	— 0,6810	— 9,5909
29	Petite Ourse...........	6	15 7 20,11	— 7,112	+ 1,2076	....	— 9,6798	— 9,7076	— 0,8520	— 9,6778
30	Octant.............. ρ	6	15 9 31,21	+ 12,354	+ 1,3495	+ 0,071	— 9,6314	— 9,6679	+ 1,0918	+ 9,6290
31	Petite Ourse...........	6	3 17 49,69	+ 18,209	+ 3,1470	....	+ 9,8110	+ 9,8789	+ 1,2603	+ 9,8100
32	Hydre.............. ι	5	3 19 44,02	— 1,716	+ 0,1967	— 0,078	+ 9,3123	+ 9,3875	— 0,2344	— 9,3026
33	Petite Ourse...........	6	15 27 58,42	— 24,315	+ 8,0516	....	— 0,0285	— 0,1356	— 1,3859	— 0,0282
34	Table...................	6	3 42 19,79	— 2,506	+ 0,2306	— 0,058	+ 9,2882	+ 9,4524	— 0,3989	— 9,2799
35	Petite Ourse...........	6	3 51 3,06	+ 16,399	+ 1,8249	+ 0,057	+ 9,0257	+ 9,8241	+ 1,2148	+ 9,6221
36	Apodis.............. δ'	5 1/2	15 58 8,43	+ 8,638	+ 0,3140	— 0,005	— 9,2221	— 9,4525	+ 0,9364	+ 9,2450
37	Octant..................	6 1/2	16 6 19,67	+ 20,124	+ 2,5011	....	— 9,6641	— 9,9306	+ 1,3037	+ 9,6631
38	Table.............. δ	6	4 28 10,75	— 4,334	+ 0,2725	— 0,062	+ 9,2001	+ 9,5732	— 0,6369	— 9,1942

calculé pour le 1er Janvier 1850.

NUMÉROS du Catalogue.	CONSTELLATIONS.	GRANDEUR.	DISTANCE AU PÔLE NORD. — 1er Janvier 1850.	PRÉCESSION annuelle. p'	VARIATION séculaire. s'	MOUVEMENT propre. μ'	LOGARITHMES DE a'.	b'.	c'.	d'.
1	Octant.............. γ³	5	173° 3′ 32″,9	— 20″,05	+ 0″,006	+ 0″,16	— 8,8182	+ 9,9968	— 1,3022	+ 8,1316
2	Petite Ourse...........	6	2 43 50 ,3	+ 20 ,03	— 0 ,012	+ 0 ,08	— 8,8745	+ 9,9989	+ 1,3016	— 8,7342
3	Octant............... ο	6 1/2	179 11 43 ,4	— 20 ,02	— 0 ,023	+ 0 ,37	— 8,8215	+ 9,9992	— 1,3014	+ 8,7794
4	Octant.................	6	175 18 49 ,3	+ 20 ,02	— 0 ,037	— 0 ,61	+ 8,4116	— 9,9977	+ 1,3014	— 8,7891
5	Petite Ourse...........	6	1 28 7 ,7	+ 20 ,02	+ 0 ,002	— 0 ,06	— 8,8722	+ 9,9990	+ 1,3014	— 8,8020
6	Octant.............. ι	5	174 18 14 ,1	+ 19 ,75	— 0 ,136	— 0 ,33	+ 9,1096	— 9,9913	+ 1,2957	— 9,2371
7	Petite Ourse...........	6	1 47 1 ,8	— 19 ,68	+ 0 ,320	+ 0 ,02	+ 9,2541	— 9,9913	— 1,2940	+ 9,2858
8	Petite Ourse...........	5 1/2	3 43 17 ,5	+ 19 ,62	— 0 ,010	— 0 ,02	— 9,3993	+ 9,9882	+ 1,2926	— 9,3186
9	Petite Ourse...........	5	4 33 3 ,4	— 19 ,00	+ 0 ,206	+ 0 ,01	+ 9,2497	— 9,9886	— 1,2922	+ 9,3279
10	Petite Ourse...........	6	3 30 21 ,5	— 19 ,55	+ 0 ,253	— 0 ,02	+ 9,2918	— 9,9880	— 1,2911	+ 9,3501
11	Petite Ourse......... α	2	1 29 25 ,0	— 19 ,25	+ 0 ,715	— 0 ,02	+ 9,4289	— 9,9821	— 1,2845	+ 9,4470
12	Octant.............. κ	5	175 0 59 ,7	+ 18 ,02	— 0 ,396	+ 0 ,62	+ 9,4675	— 9,9729	+ 1,2768	— 9,5216
13	Petite Ourse...........	6	4 27 41 ,8	+ 18 ,82	+ 0 ,144	....	— 9,5783	+ 9,9710	+ 1,2745	— 9,5390
14	Petite Ourse...........	6	3 48 53 ,2	— 18 ,51	+ 0 ,607	+ 0 ,04	+ 9,5512	— 9,9641	— 1,2673	+ 9,5861
15	Octant.................	6	173 44 5 ,8	— 18 ,10	— 0 ,137	— 0 ,40	— 9,6773	+ 9,9528	— 1,2576	+ 9,6343
16	Petite Ourse...........	6	6 29 44 ,6	+ 17 ,91	+ 0 ,145	+ 0 ,09	— 9,6953	+ 9,9482	+ 1,2532	— 9,6528
17	Hydre..................	5 1/2	170 54 54 ,2	— 17 ,82	— 0 ,051	— 0 ,29	— 9,7170	+ 9,9433	— 1,2510	+ 9,6613
18	Apodis.............. η	5	170 17 43 ,0	+ 17 ,38	— 0 ,508	— 0 ,25	+ 9,6219	— 9,9515	+ 1,2400	— 9,6982
19	Octant.................	6	172 13 58 ,8	— 17 ,35	— 0 ,135	+ 0 ,01	— 9,7446	+ 9,9351	— 1,2394	+ 9,7001
20	Octant.............. δ	5	172 58 23 ,8	+ 17 ,21	— 0 ,646	+ 0 ,03	+ 9,6892	— 9,9304	+ 1,2359	— 9,7102
21	Cassiopée..............	6	9 1 33 ,8	+ 16 ,61	+ 0 ,637	— 0 ,07	+ 9,6864	— 9,9126	— 1,2203	+ 9,7488
22	4 Petite Ourse.........	var.	11 44 52 ,8	+ 16 ,94	+ 0 ,029	+ 0 ,01	— 9,7873	+ 9,9174	+ 1,2288	— 9,7288
23	Octant.................	6 1/2	177 30 34 ,5	+ 16 ,41	— 1 ,737	— 1 ,32	+ 9,7444	— 9,9126	+ 1,2152	— 9,7593
24	Hydre.............. μ	6	169 45 45 ,1	— 15 ,65	— 0 ,142	0 ,00	— 9,8403	+ 9,8853	— 1,1945	+ 9,7962
25	Cassiopée..............	6	9 11 30 ,1	— 16 ,09	+ 0 ,696	....	+ 9,7158	— 9'8988	— 1,2067	+ 9,7757
26	Cassiopée..............	6	11 10 55 ,6	— 15 ,00	+ 0 ,732	— 0 ,02	+ 9,7537	— 9,8655	— 1,1760	+ 9,8221
27	Petite Ourse...........	6	5 38 3 ,9	— 14 ,33	+ 1 ,281	+ 0 ,12	+ 9,8154	— 9,8518	— 1,1562	+ 9,8450
28	Petite Ourse...........	5	6 52 24 ,6	+ 14 ,14	+ 0 ,496	....	— 9,8786	+ 9,8450	+ 1,1503	— 9,8509
29	Petite Ourse...........	6	5 28 15 ,6	+ 13 ,72	+ 0 ,757	....	— 9,8851	+ 9,8332	+ 1,1374	— 9,8030
30	Octant.............. ρ	6	175 56 33 ,0	+ 13 ,57	— 1 ,326	— 0 ,25	+ 9,8365	— 9,8280	+ 1,1327	— 9,8670
31	Petite Ourse...........	6	5 00 22 ,1	— 13 ,04	+ 2 ,018	....	+ 9,8628	— 9,8120	— 1,1152	+ 9,8808
32	Hydre.............. ι	5	167 55 57 ,7	— 12 ,91	— 0 ,192	— 0 ,24	— 9,9238	+ 9,7990	— 1,1109	+ 9,8838
33	Petite Ourse...........	6	2 12 10 ,8	+ 12 ,35	+ 2 ,794	....	— 9,9053	+ 9,7891	+ 1,0916	— 9,8965
34	Table..................	6	168 48 40 ,0	— 11 ,34	— 0 ,301	+ 0 ,99	— 9,9511	+ 9,7439	— 1,0544	+ 9,9164
35	Petite Ourse...........	6	4 51 2 ,5	— 10 ,69	+ 2 ,023	— 0 ,05	+ 9,9064	— 9,7254	— 1,0291	+ 9,9274
36	Apodis.............. δ′	5 1/2	168 18 19 ,7	+ 10 ,17	— 1 ,066	— 0 ,09	+ 9,8786	— 9,6959	+ 1,0072	— 9,9355
37	Octant.................	6 1/2	176 3 20 ,8	+ 9 ,54	— 2 ,381	....	+ 9,9281	— 9,6706	+ 0,9797	— 9,9442
38	Table.............. δ	6	170 33 34 ,8	— 7 ,82	— 0 ,582	+ 0 ,08	— 9,9910	+ 9,5852	— 0,8933	+ 9,9642

TABLE IV. — CATALOGUE D'ÉTOILES CIRCOMPOLAIRES

NUMÉROS du Catalogue.	CONSTELLATION.	GRANDEUR.	ASCENSION DROITE. — 1er Janvier 1850.	PRÉCESSION annuelle.	VARIATION séculaire.	MOUVEMENT propre.	LOGARITHMES DE			
				p	s	μ	a.	b.	c.	d.
			h. m. s.		s.	s.				
39	Petite Ourse...........	6	16 34 11,94	— 3,501	+ 0,1935	— 0,019	— 9,1174	— 9,5231	— 0,5442	— 9,1098
40	Table..................	5 1/2	4 34 16,99	— 5,695	+ 0,3662	— 0,203	+ 9,2387	+ 9,6449	— 0,7555	— 9,2344
41	Table..................	6	4 40 23,18	— 7,495	+ 0,5008	— 0,228	+ 9,2837	+ 9,7247	— 0,8748	— 9,2806
42	Girafe.................	5	4 57 55,03	+ 9,725	+ 0,2235	— 0,054	+ 8,9725	+ 9,5289	+ 0,9879	+ 8,9645
43	Apodis.................	6	17 3 31,74	+ 10,990	+ 0,2770	— 0,021	— 9,0028	— 9,6022	+ 1,0410	+ 8,9970
44	Petite Ourse...........	6	5 14 26,81	+ 18,363	+ 0,7503	....	+ 9,1879	+ 9,8839	+ 1,2640	+ 9,1863
45	Table..................	6	5 15 53,64	— 7,123	+ 0,2526	— 0,298	+ 8,9994	+ 9,7097	— 0,8526	— 8,9958
46	Octant.................	6	17 26 32,91	+ 35,156	+ 2,3071	....	— 9,3716	— 0,2045	+ 1,5460	+ 9,3712
47	Petite Ourse...........	6	5 45 56,60	+ 26,626	+ 0,5266	+ 0,289	+ 8,8571	+ 0,0706	+ 1,4253	+ 8,8564
48	Octant.................	6	18 2 9,82	+ 10,878	— 0,0104	— 0,132	+ 7,5715	— 9,5966	+ 1,0366	— 7,5652
49	Octant.................	6	18 11 14,15	+ 12,467	— 0,0739	— 0,118	+ 8,3659	— 9,6751	+ 1,0958	— 8,3615
50	Table..................	6	6 19 21,69	— 15,550	— 0,3925	+ 0,280	— 8,8960	+ 9,9689	— 1,1917	+ 8,8949
51	Petite Ourse......... δ	3	18 20 43,59	— 19,323	— 0,6157	+ 0,030	+ 9,0062	— 0,0487	— 1,2861	+ 9,0054
52	Petite Ourse...........	5	6 28 33,38	+ 30,760	— 1,4765	— 0,027	— 9,2387	+ 0,1404	+ 1,4879	— 9,2382
53	Petite Ourse...........	6	18 43 48,25	— 7,705	— 0,2826	0,000	+ 9,0201	— 9,7354	— 0,8868	+ 9,0109
54	Table................ ζ	5 1/2	6 52 26,54	— 4,837	— 0,1736	+ 0,019	— 8,9688	+ 9,6017	— 0,6846	+ 8,9630
55	Petite Ourse...........	6	6 57 3,17	+ 80,198	— 22,4350	— 0,323	— 9,9903	+ 0,5851	+ 1,9042	— 9,9902
56	Dragon.................	6	19 4 11,66	— 2,422	— 0,0944	— 0,017	+ 8,9081	— 9,4492	— 0,3842	+ 8,8905
57	Girafe.................	6	7 7 1,85	+ 11,327	— 0,3577	— 0,093	— 9,0985	— 9,6197	+ 1,0541	— 9,0935
58	59 Dragon..............	5 1/2	19 14 36,69	— 2,129	— 0,0975	— 0,004	+ 8,9546	— 9,4265	— 0,3282	+ 8,9421
59	Girafe.................	5 1/2	7 40 56,71	+ 9,844	— 0,3909	— 0,025	— 9,2087	+ 9,5354	+ 0,9932	— 9,2019
60	Octant.................	6	19 52 5,79	+ 13,855	— 1,0538	— 0,137	+ 9,4593	— 9,7352	+ 1,1416	— 9,4567
61	Octant.................	6	19 58 13,50	+ 9,097	— 0,4516	— 0,109	+ 9,2793	— 9,5256	+ 0,9866	— 9,2727
62	Petite Ourse...........	6	8 11 22,65	+ 17,565	— 2,1875	....	— 9,0702	+ 9,8605	+ 1,2447	— 9,6680
63	Octant.................	5 1/2	20 12 21,02	+ 10,831	— 0,6806	— 0,165	+ 9,4061	— 9,5921	+ 1,0347	— 9,4016
64	Petite Ourse......... λ	5	20 13 1,05	— 53,142	— 29,3200	— 0,042	+ 0,2644	— 0,4477	— 1,7254	+ 0,2643
65	Caméléon...............	5 1/2	8 32 51,46	— 3,149	— 0,3399	— 0,154	— 9,3938	+ 9,4976	— 0 4981	+ 9,3877
66	Dragon.................	6	20 43 40,75	— 5,269	— 0,7219	....	+ 9,5600	— 9,6224	— 0,7218	+ 9,5509
67	Octant.................	6	21 8 39,57	+ 10,841	— 1,1407	— 0,137	+ 9,6240	— 9,5912	+ 1,0351	— 9,6211
68	Octant.................	6	21 13 2,94	+ 8,407	— 0,6223	— 0,102	+ 9,4876	— 9,4381	+ 0,9293	— 9,4810
69	Dragon.................	5	9 15 15,21	+ 9,321	— 0,8153	— 0,063	— 9,5559	+ 9,4079	+ 0,9695	— 9,5517
70	Octant............... ζ	5 1/2	9 17 19,64	— 7,000	— 1,4614	— 0,184	— 9,7684	+ 9,7024	— 0,8451	+ 9,7667
71	Octant.................	6	21 19 42,83	+ 8,002	— 0,5579	— 0,070	+ 9,4724	— 9,3973	+ 0,9032	— 9,4659
72	Octant............... λ	5 1/2	21 27 12,67	+ 10,215	— 1,1526	— 0,084	+ 9,6588	— 9,5547	+ 1,0092	— 9,6559
73	Petite Ourse...........	6	21 28 28,58	— 10,001	— 2,8256	....	+ 9,9240	— 9,8150	— 1,0000	+ 9,9232
74	Caméléon............. ι	5 1/2	9 28 54,15	— 1,639	— 0,2868	— 0,134	— 9,4879	+ 9,3772	— 0,2145	+ 9,4815
75	Céphée.................	5 1/2	21 29 6,18	— 1,508	— 0,2683	+ 0,119	+ 9,4708	— 9,3653	— 0,1784	+ 9,4700
76	Caméléon............. ζ	5 1/2	9 38 6,09	— 1,454	— 0,2818	— 0,076	— 9,5065	+ 9,3594	— 0,1617	+ 9,5002

calculé pour le 1er Janvier 1850 (*suite*).

NUMÉROS du Catalogue.	CONSTELLATION.	GRANDEUR.	DISTANCE AU PÔLE NORD. — 1er Janvier 1850.	PRÉCESSION annuelle. p'.	VARIATION séculaire. s'.	MOUVEMENT propre. μ'.	LOGARITHMES DE a'.	b'.	c'.	d'.
39	Petite Ourse	6	10° 43′ 19″,9	+ 7″,35	− 0″,475	....	− 9,9979	+ 9,5555	+ 0,8633	− 9,9688
40	Table	5 1/2	171 55 8 ,9	− 7 ,33	− 0 ,773	+ 0″,61	− 9,9924	+ 9,5584	− 0,8649	+ 9,9689
41	Table	6	173 12 51 ,0	− 6 ,83	− 1 ,028	+ 0 ,09	− 9,9934	+ 9,5291	− 0,8344	+ 9,9732
42	Girafe	5	10 57 24 ,2	+ 5 ,37	+ 1 ,367	− 0 ,05	+ 9,9363	− 9,4195	− 0,7297	+ 9,9839
43	Apodis	6	170 42 4 ,9	+ 4 ,89	− 1 ,554	− 0 ,10	+ 9,9479	− 9,3815	+ 0,6895	− 9,9867
44	Petite Ourse	6	4 53 55 ,1	− 3 ,96	+ 2 ,626	....	+ 9,9729	− 9,2938	− 0,5977	+ 9,9914
45	Table	6	172 39 50 ,3	− 3 ,84	− 1 ,020	+ 0 ,33	− 0,0124	+ 9,2781	− 0,5859	+ 9,9919
46	Octant	6	177 38 21 ,1	+ 2 ,92	− 5 ,073	....	+ 9,9870	− 9,1621	+ 0,4647	− 9,9954
47	Petite Ourse	6	3 14 33 ,2	− 1 ,23	+ 3 ,875	+ 0 ,10	+ 9,9877	− 8,7850	− 0,0880	+ 9,9992
48	Octant	6	170 16 58 ,8	− 0 ,19	− 1 ,586	− 0 ,71	+ 9,9602	+ 7,9687	− 9,2772	− 0,0000
49	Octant	6	171 54 42 ,0	− 0 ,98	− 1 ,816	+ 0 ,92	+ 9,9675	+ 8,6859	− 9,9925	− 9,9995
50	Table	6	175 54 28 ,3	+ 1 ,69	− 2 ,260	− 1 ,14	− 0,0107	− 8,9245	+ 0,2278	+ 9,9985
51	Petite Ourse ... δ	5	3 24 9 ,9	− 1 ,81	+ 2 ,807	− 0 ,02	− 0,0086	− 8,9550	− 0,2580	− 9,9982
52	Petite Ourse	5	2 44 38 ,4	+ 2 ,50	+ 4 ,450	+ 0 ,08	+ 9,9869	+ 9,0941	+ 0,3971	+ 9,9966
53	Petite Ourse	6	6 56 42 ,7	− 3 ,81	+ 1 ,403	....	− 0,0110	− 9,2755	− 0,5809	− 9,9920
54	Table ... ζ	5 1/2	170 38 58 ,4	+ 4 ,55	− 0 ,087	+ 0 ,11	− 0,0135	− 9,3499	+ 0,6579	+ 9,9885
55	Petite Ourse	6	0 57 44 ,9	+ 4 ,94	+ 11 ,336	− 0 ,01	+ 9,9830	+ 9,3915	+ 0,6938	+ 9,9804
56	Dragon	6	13 9 55 ,5	− 5 ,54	+ 0 ,340	− 0 ,01	− 0,0148	− 9,4301	− 0,7458	− 9,9827
57	Girafe	6	8 48 50 ,0	+ 5 ,78	+ 1 ,582	− 0 ,03	+ 9,9443	+ 9,4547	+ 0,7021	+ 9,9812
58	59 Dragon	5 1/2	13 41 30 ,4	− 6 ,41	+ 0 ,294	+ 0 ,12	− 0,0100	− 9,4924	− 0,8071	− 9,9706
59	Girafe	5 1/2	10 7 24 ,5	+ 8 ,35	+ 1 ,299	+ 0 ,10	+ 9,9107	+ 9,6250	+ 0,9320	+ 9,9564
60	Octant	6	173 45 15 ,7	− 9 ,42	− 1 ,784	− 0 ,17	+ 9,9192	+ 9,6694	− 0,9742	− 9,9458
61	Octant	6	170 2 40 ,5	− 9 ,89	− 1 ,230	− 0 ,28	+ 9,8931	+ 9,6865	− 0,9953	− 9,9395
62	Petite Ourse	6	4 25 53 ,5	+ 10 ,88	+ 2 ,162	....	+ 9,9053	+ 9,7330	+ 1,0305	+ 9,9244
63	Octant	5 1/2	171 47 9 ,9	− 10 ,93	− 1 ,323	+ 0 ,48	+ 9,8849	+ 9,7327	− 1,0394	− 9,9232
64	Petite Ourse ... λ	5	1 8 21 ,9	− 11 ,00	+ 6 ,481	− 0 ,02	+ 9,9267	− 9,7390	− 1,0413	− 9,9223
65	Caméléon	5 1/2	170 24 46 ,7	+ 12 ,41	− 0 ,364	− 0 ,88	− 9,9279	− 9,7855	+ 1,0936	+ 9,8953
66	Dragon	6	6 54 25 ,2	− 13 ,14	+ 0 ,581	....	− 9,9044	− 9,8131	− 1,1185	− 9,8783
67	Octant	6	173 10 38 ,3	− 14 ,71	− 1 ,073	+ 0 ,30	+ 9,7958	+ 9,8625	− 1,1675	− 9,8524
68	Octant	6	170 41 5 ,5	− 14 ,07	− 0 ,825	− 0 ,28	+ 9,7684	+ 9,8671	− 1,1751	− 9,8233
69	Dragon	5	8 1 6 ,5	+ 15 ,09	+ 0 ,893	+ 0 ,04	+ 9,7720	+ 9,8723	+ 1,1788	+ 9,8186
70	Octant ... ζ	5 1/2	175 5 18 ,4	+ 15 ,21	− 0 ,665	+ 0 ,01	− 9,8367	− 9,8785	+ 1,1822	+ 9,8140
71	Octant	6	170 6 2 ,0	− 15 ,35	− 0 ,751	− 0 ,19	+ 9,7479	+ 9,8775	− 1,1860	− 9,8087
72	Octant ... λ	5 1/2	175 25 58 ,3	− 15 ,76	− 0 ,924	+ 0 ,01	+ 9,7516	+ 9,8925	− 1,1976	− 9,7913
73	Petite Ourse	6	3 55 36 ,9	− 15 ,83	+ 0 ,896	....	− 9,8002	− 9,8964	− 1,1995	− 9,7882
74	Caméléon ... ι	5 1/2	170 8 3 ,9	+ 15 ,85	− 0 ,146	− 0 ,49	− 9,8512	− 9,8914	+ 1,2001	+ 9,7871
75	Céphée	5 1/2	10 7 48 ,8	− 15 ,86	+ 0 ,155	− 0 ,10	− 9,8516	− 9,8915	− 1,2004	− 9,7867
76	Caméléon ... ζ	5 1/2	170 18 47 ,2	+ 16 ,33	− 0 ,123	− 0 ,34	− 9,8098	− 9,9045	+ 1,2130	+ 9,7657

TABLE IV. — CATALOGUE D'ÉTOILES CIRCOMPOLAIRES.

NUMÉROS du Catalogue.	CONSTELLATION.	GRANDEUR.	ASCENSION DROITE. — 1er Janvier 1850.	PRÉCESSION annuelle. p	VARIATION séculaire. s	MOUVEMENT propre. μ	LOGARITHMES DE a	b	c	d
			h. m. s.							
77	Octant . . . . υ	6	22 1 10,83	+ 14,642	— 3,8749	. . . .	+ 0,0056	— 9,7649	+ 1,1656	— 0,0049
78	Octant . . . . ε	5 1/2	22 2 43,52	+ 7,287	— 0,6537	— 0,052	+ 9,5785	— 9,3279	+ 0,8626	— 9,5733
79	Caméléon . . . . μ^1	5 1/2	10 4 31,50	— 1,242	— 0,3215	+ 0,001	— 9,5959	+ 9,3374	— 0,0942	+ 9,5911
80	Caméléon . . . . μ^2	5 1/2	10 6 46,28	— 0,855	— 0,2588	— 0,050	— 9,5660	+ 9,2975	— 9,9380	+ 9,5604
81	Petite Ourse	5 1/2	10 6 56,85	+ 10,321	— 1,7282	— 0,114	— 9,8292	+ 9,5598	+ 1,0137	— 9,8275
82	Dragon	5 1/2	10 12 15,65	+ 8,258	— 0,9968	— 0,106	— 9,7081	+ 9,4140	+ 0,9158	— 9,7051
83	Petite Ourse	5 1/2	22 24 33,45	— 3,377	— 1,1224	+ 0,076	+ 9,8762	— 9,5249	— 0,5535	+ 9,8747
84	Octant . . . . β	5	22 30 21,23	+ 6,775	— 0,6890	— 0,087	+ 9,6552	— 9,2706	+ 0,8309	— 9,6542
85	Caméléon	6	10 32 32,79	— 0,125	— 0,1969	— 0,026	— 9,6042	+ 9,2076	— 9,0980	+ 9,5990
86	Octant	6	22 36 0,05	+ 6,066	— 0,5184	— 0,087	+ 9,5935	— 9,1797	+ 0,7829	— 9,5900
87	Céphée	5 1/2	22 55 25,07	— 0,215	— 0,2923	+ 0,069	+ 9,7555	— 9,2171	— 9,3516	+ 9,7527
88	Octant	6	22 55 49,78	+ 5,229	— 0,4068	— 0,053	+ 9,5705	— 9,0382	+ 0,7184	— 9,5732
89	Octant	6	22 59 8,90	+ 5,484	— 0,5131	— 0,191	+ 9,6505	— 9,0830	+ 0,7391	— 9,6460
90	Octant . . . . η	6	11 0 11,36	— 0,098	— 0,2832	— 0,086	— 9,7746	+ 9,2013	— 8,9930	+ 9,7721
91	Octant . . . . τ	6	23 2 42,81	+ 14,249	— 8,0991	. . . .	+ 0,3395	— 9,7463	+ 1,1538	— 0,3391
92	Octant	6	23 7 37,25	+ 4,841	— 0,3689	— 0,029	+ 9,5855	— 8,9522	+ 0,6850	— 9,5795
93	Petite Ourse	5 1/2	23 27 46,45	+ 0,025	— 0,4747	+ 0,048	+ 0,0315	— 9,1823	+ 8,3892	+ 0,0306
94	Octant . . . . γ^3	5	23 49 8,23	+ 3,587	— 0,3254	— 0,113	+ 9,7378	— 8,4139	+ 0,5547	— 9,7346
95	Petite Ourse	6 1/2	23 52 34,03	+ 2,470	+ 0,2512	— 0,009	+ 9,9664	— 8,4775	+ 0,3927	+ 9,9652
96	Octant	6	11 54 41,24	+ 2,723	+ 0,2578	— 0,216	— 9,8732	+ 8,2383	+ 0,4353	+ 9,8714
97	Petite Ourse	6	11 57 6,66	+ 3,340	— 0,5606	. . . .	— 0,0281	+ 8,1287	+ 0,5237	— 0,0273

calculé pour le 1er Janvier 1850 (*suite*).

NUMÉROS du Catalogue.	CONSTELLATION.	GRANDEUR.	DISTANCE AU PÔLE NORD. — 1er Janvier 1850.	PRÉCESSION annuelle. p'	VARIATION séculaire. s'	MOUVEMENT propre. μ'	LOGARITHMES DE a'	b'	c'	d'
77	Octant.............. υ	6	176° 43′ 22″,5	− 17″,42	− 1 ,058	....	+ 9,6719	+ 9,9381	− 1,2410	− 9,0951
78	Octant.............. ε	5 1/2	171 10 30 ,2	− 17 ,49	− 0 ,520	− 0 ,83	+ 9,6208	+ 9,9353	− 1,2427	− 9,6899
79	Caméléon.......... μ¹	5 1/2	171 29 15 ,1	+ 17 ,56	− 0 ,088	− 0 ,07	− 9,7338	− 9,9376	+ 1,2446	+ 0,6838
80	Camélon.......... μ²	5 1/2	170 49 33 ,3	+ 17 ,66	− 0 ,059	− 1 ,21	− 9,7302	− 9,9391	+ 1,2469	+ 9,6760
81	Petite Ourse............	5 1/2	4 59 30 ,4	+ 17 ,66	+ 0 ,713	+ 0 ,07	+ 9,6375	+ 9,9432	+ 1,2471	+ 9,6734
82	Dragon...............	5 1/2	6 41 2 ,7	+ 17 ,88	+ 0 ,544	+ 0 ,07	+ 9,6014	+ 9,9472	+ 1,2524	+ 9,6561
83	Petite Ourse............	5 1/2	4 39 3 ,7	− 18 ,34	+ 0 ,211	− 0 ,01	− 9,6419	− 9,9398	− 1,2634	− 9,6069
84	Octant.............. β	5	172 9 53 ,6	− 18 ,54	− 0 ,377	+ 0 ,04	+ 9,5031	+ 9,9618	− 1,2681	− 9,5812
85	Caméléon...............	6	171 8 43 ,4	+ 18 ,61	− 0 ,007	− 0 ,26	− 9,6383	− 9,9624	+ 1,2698	+ 9,5710
86	Octant.................	6	170 54 39 ,0	− 18 ,72	− 0 ,317	− 0 ,19	+ 9,4353	+ 9,9647	− 1,2724	− 9,5543
87	Céphée.................	5 1/2	6 27 23 ,7	− 19 ,26	+ 0 ,009	− 0 ,05	− 9,5120	− 9,9798	− 1,2847	− 9,4442
88	Octant.................	6	170 17 15 ,0	− 19 ,27	− 0 ,211	− 0 ,24	+ 9,2993	+ 9,9765	− 1,2850	− 9,4415
89	Octant.................	6	171 43 44 ,7	− 19 ,33	− 0 ,210	+ 0 ,51	+ 9,2951	+ 9,9800	− 1,2867	− 9,4190
90	Octant.............. η	6	173 47 14 ,1	+ 19 ,38	− 0 ,004	+ 0 ,06	− 9,4822	− 9,9825	+ 1,2873	+ 9,4117
91	Octant.............. τ	6	178 18 19 ,3	− 19 ,43	− 0 ,514	+ 0 ,34	+ 9,3701	+ 9,9861	− 1,2885	− 9,3935
92	Octant.................	6	170 17 29 ,8	− 19 ,53	− 0 ,160	− 0 ,11	+ 9,1764	+ 9,9823	− 1,2908	− 9,3332
93	Petite Ourse............	5 1/2	3 31 12 ,2	− 19 ,86	− 0 ,001	− 0 ,02	− 9,2214	− 9,9949	− 1,2979	− 9,1466
94	Octant.............. γ²	5	173 0 18 ,4	− 20 ,03	− 0 ,025	+ 0 ,24	− 7,7709	+ 9,9963	− 1,3017	− 8,6756
95	Petite Ourse............	6 1/2	4 7 43 ,7	− 20 ,04	− 0 ,012	....	− 8,8028	− 9,9986	− 1,3020	− 8,5109
96	Octant.................	6	174 52 45 ,8	+ 20 ,05	+ 0 ,009	+ 0 ,24	− 8,7910	− 9,9981	− 1,3021	+ 8,3651
97	Petite Ourse............	6	3 34 57 ,3	+ 20 ,05	+ 0 ,006	....	− 8,4614	+ 9,9991	+ 1,3022	+ 8,1005

TABLE V des logarithmes $\dfrac{3600+i}{3600}$

i = Variation pour 1^h de longitude.	$\frac{3600+i}{3600}$ Log.	i = Variation pour 1^h de longitude.	$\frac{3600+i}{3600}$ Log.	i = Variation pour 1^h de longitude.	$\frac{3600+i}{3600}$ Log.
100^s	0,01190	131^s	0,01552	162^s	0,01912
101	0,01202	132	0,01564	163	0,01923
102	0,01213	133	0,01575	164	0,01935
103	0,01225	134	0,01587	165	0,01946
104	0,01237	135	0,01599	166	0,01958
105	0,01249	136	0,01611	167	0,01969
106	0,01260	137	0,01622	168	0,01981
107	0,01272	138	0,01634	169	0,01992
108	0,01284	139	0,01645	170	0,02004
109	0,01296	140	0,01657	171	0,02015
110	0,01307	141	0,01669	172	0,02027
111	0,01319	142	0,01680	173	0,02039
112	0,01330	143	0,01692	174	0,02050
113	0,01342	144	0,01703	175	0,02061
114	0,01354	145	0,01715	176	0,02073
115	0,01366	146	0,01727	177	0,02084
116	0,01377	147	0,01738	178	0,02096
117	0,01389	148	0,01750	179	0,02107
118	0,01401	149	0,01761	180	0,02119
119	0,01413	150	0,01773	181	0,02130
120	0,01424	151	0,01784	182	0,02142
121	0,01436	152	0,01796	183	0,02153
122	0,01447	153	0,01808	184	0,02165
123	0,01459	154	0,01819	185	0,02176
124	0,01471	155	0,01831	186	0,02188
125	0,01482	156	0,01842	187	0,02199
126	0,01494	157	0,01854	188	0,02211
127	0,01506	158	0,01866	189	0,02222
128	0,01518	159	0,01877	190	0,02234
129	0,01529	160	0,01888	191	0,02245
130	0,01541	161	0,01900	192	0,02257
131	0,01552	162	0,01912	193	0,02268

EXPLICATION DES PLANCHES.

Planche I.

Vue perspective du cercle méridien, placé sur son pilier, ayant à gauche le chronomètre qui sert aux observations astronomiques, et à droite la lampe destinée à éclairer, pendant la nuit, les fils du réticule et les divisions du cercle.

Planche II.

Figure 1. — Projection de l'instrument en demi-grandeur, sur le plan méridien.

Figure 2. — Coupe de l'instrument en demi-grandeur, suivant un plan mené, par l'axe optique de la lunette, perpendiculairement au méridien.

Figure 3. — Projection horizontale de l'instrument placé sur ses coussinets (demi-grandeur).

Figure 4. — Projection horizontale de la platine P'' et des deux buttoirs qui sont fixés sur les montants.

Figure 5. — Projection horizontale des platines P, P', et du système de rectification en azimut.

Planche III.

Projection de l'instrument et de son collimateur sur le plan du méridien.

TABLE DES MATIÈRES.

PARIS, IMPRIMERIE ADMINISTRATIVE DE PAUL DUPONT, RUE DE GRENELLE-SAINT-HONORÉ, 45.

Pl. 1.

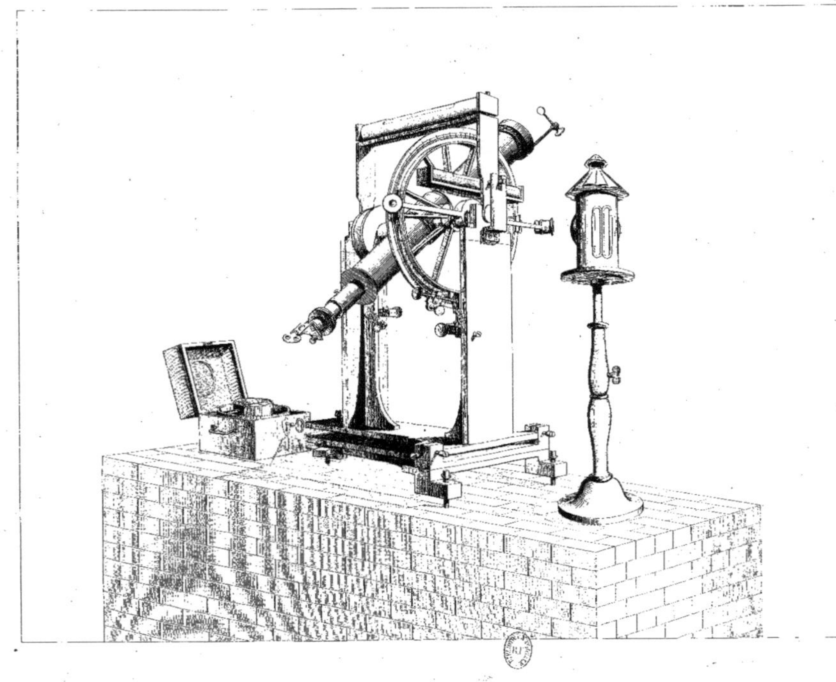

CERCLE MÉRIDIEN.

Fiche de début de lot de fabrication

Lot : E0153_S19_GD26_LF00228

DLF_E0153_S19_GD26_LF00228

UD : E0153_S19_GD26_UD00228

UDO_E0153_S19_GD26_UD00228

Pl. 2.

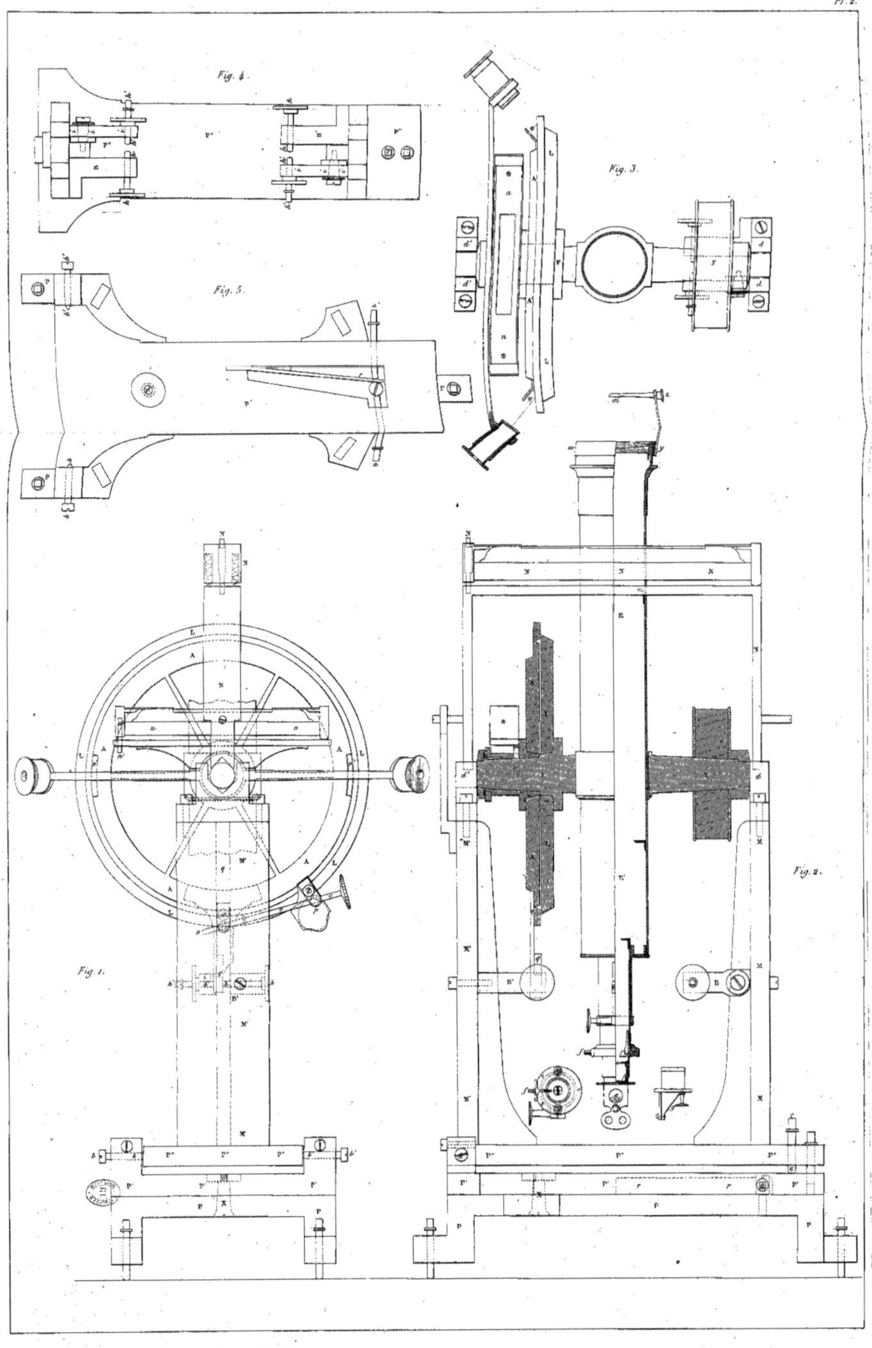

Fiche de fin de lot de fabrication

Lot : E0153_S19_GD26_LF00228

FLF_E0153_S19_GD26_LF00228

Pl. 3.

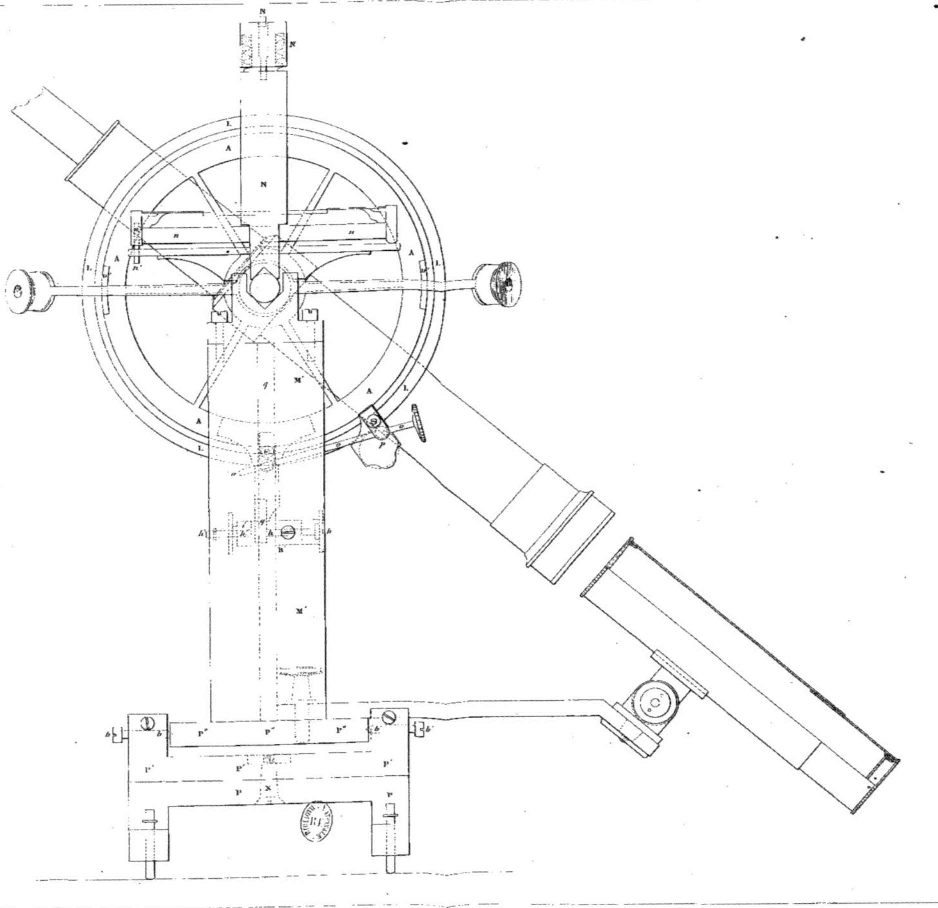

Fiche de début de lot de fabrication

Lot : E0153_S19_GD26_LF00229

DLF_E0153_S19_GD26_LF00229

UD : E0153_S19_GD26_UD00229

UDO_E0153_S19_GD26_UD00229

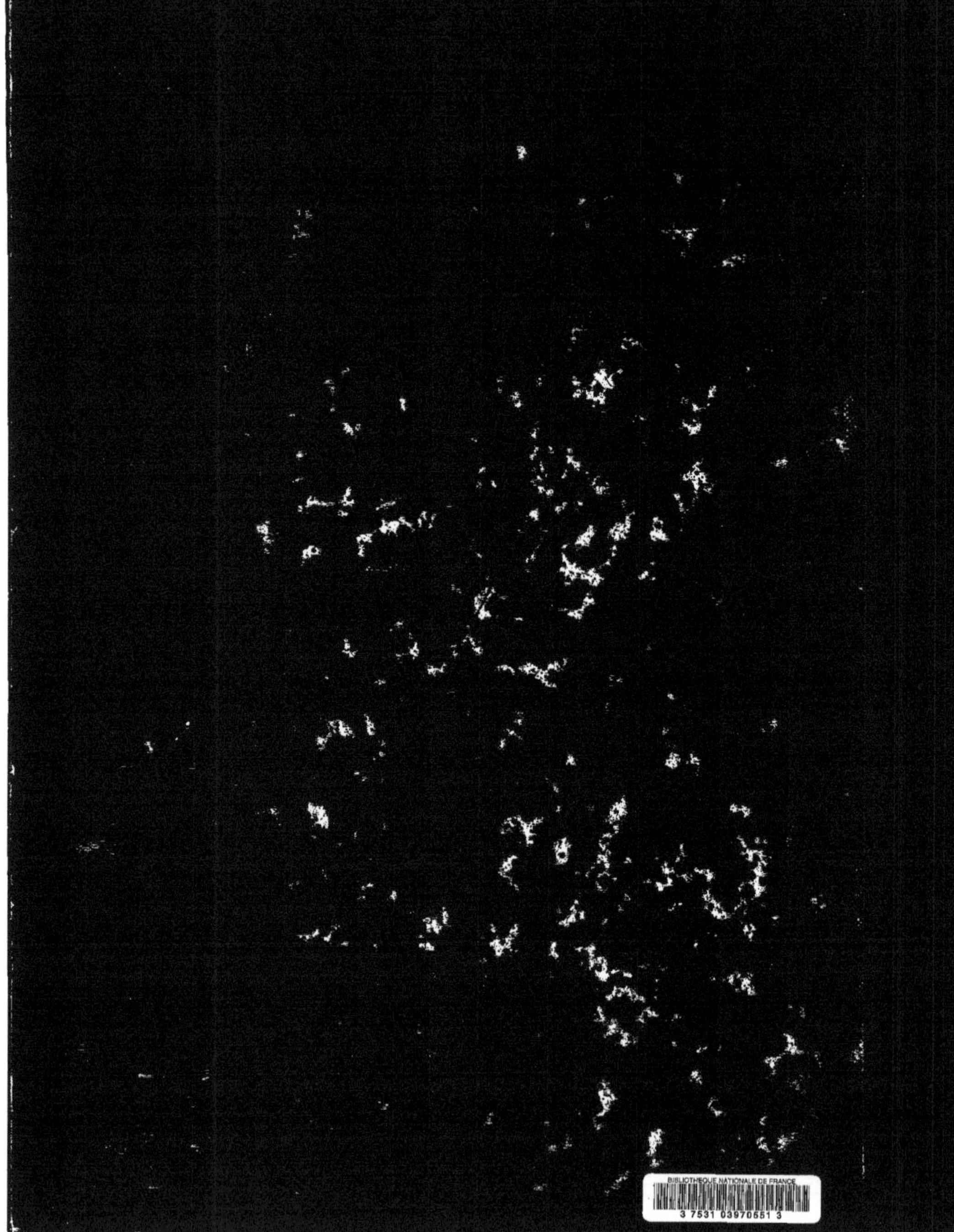

www.ingramcontent.com/pod-product-compliance
Ingram Content Group UK Ltd.
Pitfield, Milton Keynes, MK11 3LW, UK
UKHW020200200726
13856UKWH00003B/1098